普通高等学校新工科校企共建智能制造相关专业系列教材
智能制造高端工程技术应用人才培养新形态一体化系列教材

工业机器人项目

方案设计与管理

主　编　袁　静　张　荣
　　　　熊伟斌　刘　杰
副主编　江　珊　陈淑玲
　　　　董文波　肖生浩

U0199430

华中科技大学出版社
http://press.hust.edu.cn
中国·武汉

内 容 简 介

本书参考美国项目管理协会(PMI)2018 年颁发的《项目管理知识体系指南(第六版)》,对工业机器人集成项目的项目管理过程进行了知识体系划分和编写,论述了项目管理在工业机器人系统集成项目中的具体应用,由浅入深、由易到难层层剖析,以便读者对项目管理的实践工作过程有更加深刻的体会。

全书主要介绍工业机器人项目方案设计与管理相关内容,共 6 个项目,分别是:工业机器人系统集成项目概述、工业机器人系统集成项目一般知识、工业机器人项目立项管理、工业机器人项目方案设计、工业机器人系统集成项目管理和工业机器人青铜止回阀自动上下料项目。为了使读者更好地掌握相关知识,全书配以工程实操案例、方案设计步骤、工程图表、管理工具,同时配套教学课件和教学设计等教学资源,便于开展教学和提高学习效率,尽快地获得从事实际技术工作的能力。

本书可作为应用型本科院校和高职高专院校工业机器人技术、机械设计制造及自动化、机电一体化技术等专业的课程教材。项目式教学内容也适合于机械等相关专业的学生自学,同时也可以为从事相关工程项目管理的人员提供技术参考。

图书在版编目(CIP)数据

工业机器人项目方案设计与管理 / 袁静等主编. -- 武汉 : 华中科技大学出版社,2024.8.
ISBN 978-7-5772-0771-1

Ⅰ. TP242.2

中国国家版本馆 CIP 数据核字第 2024JW5048 号

工业机器人项目方案设计与管理
Gongye Jiqiren Xiangmu Fang'an Sheji yu Guanli

袁 静 张 荣
熊伟斌 刘 杰　主编

策划编辑:袁 冲
责任编辑:陈 骏 林宇婕
封面设计:廖亚萍
责任校对:王亚钦
责任监印:朱 玢

出版发行:华中科技大学出版社(中国·武汉)　　　电话:(027)81321913
　　　　　武汉市东湖新技术开发区华工科技园　　　邮编:430223
录　 排:武汉正风天下文化发展有限公司
印　 刷:武汉市洪林印务有限公司
开　 本:787mm×1092mm　1/16
印　 张:13.25
字　 数:331 千字
版　 次:2024 年 8 月第 1 版第 1 次印刷
定　 价:49.00 元

本书主要介绍工业机器人项目方案设计与管理相关内容,共 6 个项目,分别是:工业机器人系统集成项目概述、工业机器人系统集成项目一般知识、工业机器人项目立项管理、工业机器人项目方案设计、工业机器人系统集成项目管理和工业机器人青铜止回阀自动上下料项目。本书参考美国项目管理协会 PMI(Project Management Institute)2018 年颁发的《项目管理知识体系指南(第六版)》,对工业机器人集成项目的项目管理过程进行了知识体系划分和编写,论述了项目管理在工业机器人系统集成项目中的具体应用,由浅入深、由易到难层层剖析,以便读者对项目管理的实践工作过程有更加深刻的体会。为了使读者更好地掌握相关知识,全书配以工程实操案例、方案设计步骤、工程图表、管理工具,同时配套教学课件和教学设计等教学资源,便于开展教学和提高学习效率,尽快地获得从事实际技术工作的能力。

本书由湖北工程学院、武汉东湖学院和武汉金石兴机器人自动化工程有限公司合作编写,结合袁静、张荣、江珊、肖生浩、熊伟斌、陈淑玲、董文波等多位教师多年的教学经验,以及刘杰、王涛、汪漫、陈仁科、徐淑云、陶芬、梁洪舟、沈雄武等工程师多年的行业工作经验,借鉴国内外同行最新研究成果,为满足新时期高等教育机器人工程专业教学改革与发展的具体要求而编写。

本书可作为应用型本科院校和高职高专院校工业机器人技术、机械设计制造及自动化、机电一体化技术等专业的课程教材。项目式教学内容也适合于机械等相关专业的学生自学,同时也可以为从事相关工程项目管理的人员提供技术参考。

本书在编著过程中使用了部分图片及文章,在此向这些图片及文章的版权所有者表示诚挚的谢意!由于客观原因,我们无法联系到您,如您能与我们取得联系,我们将在第一时间给予答复。

项目 1
工业机器人系统集成项目概述

1

随着工业机器人系统集成产业在我国的兴起，项目管理已经成功应用于系统集成企业管理中。本项目共分为 3 小节，首先介绍了工业机器人系统集成的模式、产业应用方向、产业规模、产业现状以及系统集成商未来发展方向，其次介绍了工业机器人项目与项目管理，最后详细地介绍了工业机器人系统集成项目管理的知识体系。

◀**学习要点**

1. 掌握工业机器人系统集成模式。

2. 熟悉工业机器人系统集成产业应用方向、产业规模、产业现状及系统集成商未来发展方向。

3. 掌握工业机器人系统集成项目与项目管理知识体系。

◀ 1.1 工业机器人系统集成介绍 ▶

随着《中国制造 2025》的颁布,中国制造业整体朝着智能制造的方向加速发展,不少行业细分领域都孕育着新的发展机遇,工业机器人就是其中的一大热门领域。机器人被誉为"制造业皇冠顶端的明珠",是衡量一个国家创新能力和产业竞争力的重要标志,已经成为全球新一轮科技和产业革命的重要切入点。

"机器人"(robot)一词,最早出现在 1920 年卡雷尔·恰佩克的剧本《罗素姆的万能机器人》中,描述的是一个不知疲倦工作的机器奴仆。人们带着这一美好的愿望,致力于机器人的研发。1942 年,阿西莫夫提出了著名的"机器人三原则":第一,机器人不能伤害人类,不能眼看人类受伤害而袖手旁观;第二,机器人必须服从于人类的命令,除非违背第一条原则;第三,在不违背第一条和第二条原则的情况下,机器人尽可能保护自身不受伤害。这三条原则被学术界默认为机器人的研发准则,因为它赋予了机器人伦理观。

根据国际标准化组织的定义,工业机器人是一种在工业领域应用的由自己的力量和能力来控制各种功能的机器,是自动执行工作的机器设备,是具有多自由度或多关节机械手的机器人。工业机器人根据设定的程序,在接收到人类的指令后,按照对应的路径完成可预测的动作。以下是现代工业机器人在工业史上发展历程中的标志性事件。

1959 年,戴沃尔与美国发明家英格伯格联手制造出了世界上第一台具有实用价值的工业机器人,英格伯格被称为"工业机器人之父"。

1967 年,日本川崎重工公司和丰田公司分别从美国购买了工业机器人 Unimate 和 Versatran 的生产许可证,标志着日本正式进入工业机器人领域。在 20 世纪 60 年代后期,日本制造出世界上第一台用于工业喷涂弧焊的机器人,从此日本企业在工业机器人领域中独树一帜。

1979 年,美国 Unimation 公司推出了通用工业机器人 PUMA,标志着工业机器人技术已经基本成熟。

1979 年,日本山梨大学牧野洋发明了平面关节型 SCARA 机器人,该型机器人广泛应用于生产线装配作业中。此后,工业机器人技术不断发展进步,产品不断更新换代,新的机型、新的功能不断涌现并活跃在不同的工业领域。

1.1.1 工业机器人系统集成模式

经历了半个多世纪的发展,工业机器人技术及其在相关领域的应用得到了飞速发展,工业机器人系统在自动化、定制化、智能化生产制造领域得到了广泛的应用,并在全球形成了一个规模宏大的产业链。工业机器人在产业化的过程中,逐渐发展成如下三种模式。

1. 日本模式

日本模式通过明确的分工合作、专业的设计与制造、细致的安装调试以及完善的后期服务与支持完成交钥匙工程,即工业机器人制造厂商以开发新型工业机器人和批量生产优质产品为主要目标,并由其子公司或社会上的工程公司来设计制造各行业所需要的工业机器人成套系统,并完成交钥匙工程。

2. 欧洲模式

一揽子交钥匙工程,即工业机器人的生产和用户所需要的系统设计制造,全部由工业机器人制造厂商自己完成。

3. 美国模式

采购与成套设计相结合,即美国国内基本上不生产普通的工业机器人,企业需要时,工业机器人通常由工程公司进口,再自行设计、制造配套的外围设备,完成交钥匙工程。中国与美国类似,工业机器人公司集中在机器人系统集成领域。

目前,由于工业机器人核心技术主要掌握在瑞士 ABB、德国库卡(KUKA)、日本发那科(FANNUC)、日本安川电机(YASKAWA)手中,机器人本体的生产成本又过高,国内工业机器人产业模式与美国接近,国内约80%的机器人企业集中于工业机器人系统集成这一块,这些企业又被称为系统集成商。这些企业通过进口工业机器人系统和控制系统,根据实际项目需要自行设计工业机器人末端执行器和外围配套设备系统,完成工业机器人系统集成。系统集成是一个综合性的工程项目,其涉及的不仅仅是技术和设备的问题,还有方方面面的关系问题。

工业机器人主要由四个基本部分组成,如图 1-1 所示,分别为执行机构、驱动系统、控制系统和检测系统。各组成部分的关系如图 1-2 所示。其中,A 就是我们说的控制柜,里面包含了机器人的控制单元及驱动单元;B 是机器人本体;C 是机器人所需要处理的工件;D 是机器人的一个外部轴,外部轴就是除机器人本身的轴之外的与机器人本体相配合来实现工件的移动或变换位置的部件,从而使机器人达到最佳作业姿态。这里是一个变位机,在焊接领域有着广泛的应用。

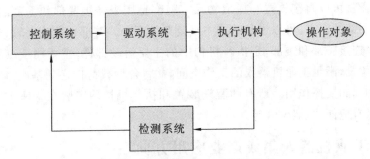

图 1-1　工业机器人集成系统构成

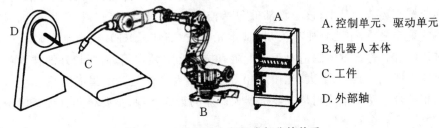

A. 控制单元、驱动单元

B. 机器人本体

C. 工件

D. 外部轴

图 1-2　工业机器人各组成部分的关系

机械系统即执行机构,本质上是一个拟人手臂的空间开链式机构,一端固定在基座上,另一端可自由运动,通常由杆件和关节组成,包括手部、腕部、臂部、腰部、基座。机器人本体结构如图 1-3 所示。

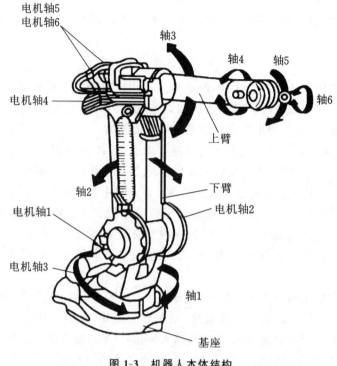

图 1-3 机器人本体结构

六轴关节机器人的手部又称为末端执行器,它是工业机器人直接工作的部分,在其末端安装气爪和吸盘就可以直接放置和抓取物品。腕部是用来连接臂部和手部的主要部件,用于改变和调整手部的姿态,可以说是结构中最复杂的部分。臂部也称为手臂,通常由大臂和小臂组成,用来连接腕部和腰部,是执行机构中的主要运动部件,主要用于改变手腕和末端执行器的空间位置,满足工业机器人的工作空间,并将各种载荷传递到基座。基座也称为行走机构,其主要起到支撑作用。所有的驱动装置和执行机构均安装在基座上。基座的安装也有多种形式,有地面式、墙壁式等。

1.1.2 工业机器人集成产业应用方向

从产业链来看,工业机器人产业链主要包括核心零部件制造、本机制造、系统集成和行业应用四个核心环节。其中,核心零部件包括控制器、减速器、传感器、伺服电机,是工业机器人本体的重中之重,主要企业有安川(日本)、住友(日本)、KEBA(奥地利)、秦川机床(中国)、新时达(中国)等。本体制造对于上下游有拉动和引领作用,需要较好的技术积累,主要企业有机器人四大家族、哈工大、沈阳新松等。机器人本体是系统集成的核心,必须与具体行业应用相结合。系统集成则是工业机器人产业的最终体现,主要企业有天奇股份、哈工智能、沈阳新松、武汉金石兴等。

工业机器人系统集成应用处于机器人产业链的下游应用端,为终端行业应用客户提供自动化生产解决方案,并负责工业机器人应用二次开发和自动化配套设备的集成,是工业机器人自动化应用的重要环节。工业机器人系统集成根据其应用的具体领域,主要包括搬运码垛、焊接、装配、喷涂、抛光打磨、机加工、切割、涂胶等。2014—2018 年工业机器人应用领域分布情况如图 1-4 所示。从工业机器人应用角度看，"搬运码垛"占比最高，其次是"焊接"和"装配"。

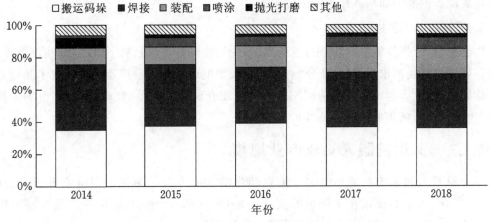

图 1-4　2014—2018 年工业机器人应用领域分布

1. 抛光打磨、喷涂领域

①政策刺激：环保政策趋严，督察常态化，加速推动喷涂、抛光打磨等污染性较大的制造业企业转型升级，刺激其引进自动化设备，以降低对工作环境（人及物）的污染及毒害；②智能制造趋势下的企业自身需求：目前抛光打磨、喷涂领域应用机器人的基数小，随着机器人的技术提升、成本下降，企业对抛光打磨及喷涂方面的机器人的市场需求会快速释放，尤其是以轨道交通装备、飞机、船舶等为代表的大件产品市场，近年来，随着技术的进步，关注度与需求日益凸显。因此，在政策、市场、企业、技术等的综合推动下，涉及此领域的机器人企业迎来利好，将推动系统集成规模的扩大。

2. 装配/组装集成领域

工业机器人下游最终用户可以按照行业分为汽车工业行业和一般工业行业。一般工业中按照行业分类又可以分为 3C、食品饮料、石化、金属加工、医药、塑料、白家电、烟草等。

汽车产业是技术密集型产业，整车厂在长期使用工业机器人的过程中形成了自己的规则和标准。技术要求高且要契合车厂特有的标准，对系统集成商来说，构成了较高的准入门槛。汽车项目普遍周期较长，从方案设计、安装调试到交钥匙往往需要半年或者一年以上，需要投入大量的人力成本。总的来说，由于面临商务关系、技术和资金三重壁垒，国内系统集成商很难进入汽车工业行业。

目前，随着制造业转型升级的迫切需求、用工成本的提高，工业机器人已经不再局限于汽车工业行业，而是快速面向 3C 产品（3C 即计算机（computer）、通信（communication）、消费电子（consumer electric）的统称）装配、个体作坊、定制化生产等行业领域。尤其是 3C 行业，国内系统集成商具有强大优势：中国是世界上最大的 3C 产品制造基地，产线自动化升级改造需求强劲；3C 行业工业机器人应用多样，外资品牌难以复制在汽车工业行业的经验，国内系统集成商有很大的上升空间。

3C 电子行业成为继汽车行业之后的第二大应用行业，而 3C 电子市场工业机器人应用领域中，装配/组装的应用最为广泛，其为第一大应用领域，此外汽车零部件、汽车电子市场的需求也在逐年扩大。随着老龄化的加剧，人力成本逐年提升，制造业招工难、用工难的问题日益凸显，在劳动密集型的制造组装环节，柔性自动化组装的需求迫切，目前的主要问题是系统集成商的能力如何匹配下游的需求。

3. 物流搬运/分拣领域

物流搬运/分拣领域随着物流行业的发展，在智能制造主流趋势下，以提升物流效率、提高客户体验等市场需求为导向，工业制造企业、大型电商平台等希望通过智能技术和设备实现仓储高效、精准管理；同时，目前国家正开展智能仓储试点示范，在政策刺激、市场主流趋势下，物流搬运领域集成规模将持续扩容。

1.1.3 工业机器人集成产业规模

工业机器人和系统集成是中国工业自动化的发展方向。为推动制造业升级，实现自动化、智能化，国家高度重视工业机器人产业发展，从研发、采购、应用推广等方面提供政策资金支持，但工业机器人无论多么优秀，也绕不开系统集成企业。应用集成系统的研发，是工业机器人产业链上利润最高也是技术门槛最高的环节，一般情况下，系统集成市场规模可达工业机器人本体市场规模的三倍。根据相关产业研究中心预测，2020年工业机器人本体市场规模可达276亿元左右，系统集成市场规模则有望接近830亿元，未来五年年均增速可达20%。如图1-5所示为2014—2023年中国工业机器人系统集成行业市场规模及预测。

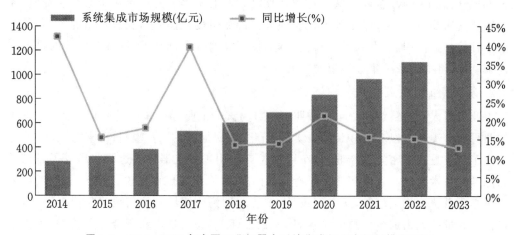

图1-5 2014—2023年中国工业机器人系统集成行业市场规模及预测

1.1.4 工业机器人集成产业现状

随着全球范围制造业行情的持续走低，特别是就业压力的增大，各个国家都对智能制造行业表现出浓厚的兴趣，相继出台了各种利好政策和措施。德国提出了"工业4.0"，美国提出了"工业以太网"，都是对智能制造发展的长远规划，而工业机器人又是智能制造装备的重要标志，因此在全球范围内各大行业巨头纷纷投身工业机器人的研发制造行列，使其得以快速发展，工业机器人集成产业代表公司如表1-1所示。

表1-1 工业机器人集成产业代表公司

		减速器	上游零部件控制系统	伺服电机	中游本体	下游控制系统
工业机器人	国内上市公司	上海机电 秦川发展	新松机器人 新时达 慈星股份	新时达 汇川技术 华中数控 英威腾	新松机器人 博实股份 天奇股份 亚威股份 佳士科技 华中数控 华昌达 巨星科技 科远股份	新松机器人 博实股份 天奇股份 亚威股份 佳士科技 瑞凌股份 华中数控 华昌达 巨星科技 慈星股份 科远股份
	国内非上市公司	绿的谐波 南通振康 浙江恒丰泰	广州数控 南京埃斯顿 深圳固高	广州数控 南京埃斯顿	安徽埃夫特 广州数控 南京埃斯顿 上海沃迪 东莞启帆 苏州铂电	安徽埃夫特 广州数控 南京埃斯顿 华恒焊接 巨一自动化 苏州铂电 华恒焊接
	国外公司	哈默纳科 纳博 佳友	ABB 发那科 安川 库卡 松下 那智不二越 三菱 贝加莱	伦茨 博世力士乐 发那科 安川 松下 三菱 三洋 西门子 贝加莱	ABB 发那科 安川 库卡 欧地希 松下 川崎 那智不二越 现代 徕斯	ABB 发那科 安川 库卡 柯马 杜尔 徕斯 克鲁斯 德玛泰克 埃森曼

　　从产业链的角度看,机器人本体是工业机器人产业发展的基础,而下游系统集成则是工业机器人商业化、大规模普及的关键。本体产品由于技术壁垒较高,有一定垄断性,议价能力较强,毛利水平较高。而系统集成的壁垒相对较低,与上下游议价能力较弱,毛利水平不高,但其市场规模要远远大于本体市场。截至2014年9月,中国机器人相关企业428家,其中系统集成商就占88%。

相较于工业机器人本体供应商，工业机器人系统集成供应商还要具有产品设计能力、对终端客户应用需求的工艺理解能力、相关项目经验等，提供可适应各种不同应用领域的标准化、个性化成套装备。工业机器人系统集成商作为中国机器人市场上的主力军，规模普遍较小，年产值不高，面临强大的竞争压力。

现阶段我国工业机器人系统集成有如下特点。

1. 不能批量复制

工业机器人系统项目集成是非标准化的，每个项目都不一样，不能完全复制，因此比较难上规模。能上规模的一般都是可以复制的，比如研发一个产品，定型之后就很少改了，每个型号的产品都一样，通过生产和销售就能大量复制上规模。而且由于需要垫资，集成商通常要考虑同时实施项目的数量及规模。

2. 要熟悉相关行业工艺

由于工业机器人集成是二次开发产品，需要熟悉下游行业的工艺，要完成重新编程、布放等工作。国内系统集成商，如果聚焦于某个领域，通常可以获得较高行业壁垒，生存没问题，但是同样由于行业壁垒，很难实现跨行业拓展业务，通过并购也行不通，因此规模很难做大。工业机器人系统集成商本来就该是小的，起码现阶段国内集成商规模都不大。

3. 需要专业人才

工业机器人系统集成商的核心竞争力是人才，其中，最为核心的是销售人员、项目工程师和现场安装调试人员，销售人员负责拿订单，项目工程师根据订单要求进行方案设计，现场安装调试人员到客户指定现场进行安装调试，并最终交付客户使用。几乎每个项目都是非标的，不能简单复制上量。

系统集成商实际是轻资产的订单型工程服务商，核心资产是销售人员、项目工程师和安装调试人员，因此，系统集成商很难通过并购的方式扩大规模。

4. 需要垫付资金

系统集成的付款通常采用"361"或"3331"的方式，"3331"方式即图纸通过审核后拿到30％，发货后拿到30％，安装调试完毕拿到30％，最后剩10％的质保金。按照这样一个付款流程，系统集成商通常需要垫资。

一般来讲集成商资金压力不会太大，但是如果几个项目同时进行，或者说单个项目金额太大，就会存在资金压力，毕竟集成商很多业务也是外包，需要付给供应商货款，有的外购件要求货到付款。

总之，由于硬件产品价格逐年下降，利润越来越薄，仅靠项目带动硬件产品的销售模式已经成为过去时，同时在基础应用方面，如搬运码垛、分拣等进入门槛要求越来越低，竞争就更为激烈。

1.1.5 系统集成商未来发展方向

工业机器人在各行业领域的渗透率还在逐年提升，应用范围的广泛与工艺的变化导致"长尾效应"仍是未来系统集成的主要趋势。我国工业机器人系统集成商未来发展方向如下。

1. 从汽车行业向一般工业行业延伸

我国在汽车行业以外的其他行业集成业务迅速增加，从工业机器人各个领域销量可以看到系统集成业务分布的变化。现阶段,汽车行业是国内工业机器人最大的应用市场。随着市场对工业机器人产品认可度的不断提高,工业机器人应用正从汽车行业向一般工业行业延伸。我国工业机器人集成在一般工业中应用市场的热点和突破点主要在于3C电子、金属、食品饮料及其他细分市场。我国系统集成商可以逐渐从易到难,把握国内工业机器人不同行业的不同需求,完成专业的技术积累。

2. 未来趋势是行业细分化

工业机器人集成的未来趋势是行业细分化。对某一行业的工艺有深入理解的标的,有机会将工业机器人集成模块化、功能化,进而作为标准设备来提供。既然工艺是门槛,那么同一家公司能够掌握的行业工艺,必然也就只局限于某一个或几个行业,也就是说行业必将细分化。

由于汽车以外的行业系统集成项目越来越多,细分领域增加会导致系统集成商数量进一步增加。可以预知,未来几年行业集中度会进一步降低。参考国外经验,未来拥有核心竞争力且能够把3C等大体量行业集成业务做精的系统集成商将脱颖而出。

3. 标准化程度将持续提高

系统集成的另外一个趋势是项目标准化程度将持续提高,将有利于集成企业上规模。如果系统集成只有机器人本体是标准的,整个项目标准化程度仅为30%～50%。现在很多集成商在推动机器人本体加工工艺的标准化,未来系统集成项目的标准化程度有望达到75%。

4. 未来方向是智慧工厂

智慧工厂是现代工厂信息化发展的一个新阶段,智慧工厂的核心是数字化。信息化、数字化将贯通生产的各个环节,从设计到生产制造之间的不确定性降低,从而缩短产品设计到生产的转化时间,并且提高产品的可靠性与成功率。系统集成商的业务未来向智慧工厂或数字化工厂方向发展,将来不仅仅做硬件设备的集成,更多是顶层架构设计和软件方面的集成。

5. 整合潮流难以抵挡

普通的工业机器人系统集成商难以做大,营收达到1亿元则面临发展瓶颈。未来的产业整合过程中,工艺是门槛。能够在某个行业中深入发展,掌握客户与渠道,对上游本体厂商有议价权的标的,才能够在未来的发展中成为解决方案或者标准设备的供应商。

6. 去系统集成化

随着工业机器人集成行业细分化,由于客户分布在不同行业,每个行业要把产品做出来就会有很多道工艺,如果只做其中一个工艺,是无法全方位满足客户需求的,只有打通上、中、下游全产业链,为客户提供全面且专业的智能制造综合服务,才能在未来激烈的竞争中立于不败之地。目前,国内系统集成商们已经开始了"去系统集成化"的"蜕变"之路。未来,他们已经不再称自己为系统集成商,而是定位于智能制造综合服务商。

◀ 1.2 工业机器人集成项目概述 ▶

工业机器人系统集成是一个复杂而完整的工程项目,包括集成方案的制定、投标、集成规划、系统图纸设计、系统生产、系统交付、售后服务等。工业机器人集成项目管理,就是以符合特定工程需求的机器人及配套工装夹具为基础,利用机械设计、运动控制、机构优化、电气控制、编程仿真、通信联调等工业机器人技术,通过科学化的项目管理,来满足项目的需求。在保证质量的同时又按照工期完成任务,降低项目成本,从而提升企业的经济效益。

1.2.1 项目概述

提及项目管理,首先需要了解项目的定义。建造一个新的飞机场是一个项目,完成大学本科学习并获得毕业证书是一个项目,完成一台六轴机器人本体的设计、开发、测试、调试也是一个项目。同样,实施工业机器人系统集成的全过程,也可以被认为是一个项目,而且是一个复杂的综合性项目。

不同组织和个人对项目的定义有所不同,但项目的本质特征都具有一些共性:具有明确的开始时间和结束时间,在一定的环境、资源、时间等约束条件下,为创造独特的产品、服务或成果而进行的临时性、一次性的工作。一次性是项目与日常运作最大的区别,日常运作是一系列持续、周而复始的活动。例如,当我们在工业现场完成了工业机器人集成系统安装调试等工作(项目)后,即可实现设备的连续运行(日常运作)。项目具有以下三个特点。

(1)时限性:项目具有明确的起止时间。项目在此之前从来没有发生过,而且将来也不会在相同的条件下再次发生。当项目目标达成时,或当项目目标不能实现被迫中止时,或当项目目标需求不复存在时,项目就结束了。因此,项目都是临时性、一次性的活动。

(2)独特性:项目的产品、服务或者成果是以前没有的,或者在某种程度上是与众不同的。每个项目都有自己的特点,每个项目都不同于其他项目。例如搬运码垛工业机器人系统集成项目根据搬运对象的不同,需要选择不同的工业机器人末端执行器,外围配套系统也是不同的,都不能复制。

(3)逐步完善性:随着项目的进行,项目组对项目的认识是逐渐深入的,项目是逐步完善的,分步、持续累积;在完善的过程中,会产生变更,但变更是可控的。

1.2.2 项目的一般流程

工业机器人集成项目过程应该包含:提出问题→对项目进行可行性研究→制订计划→制作整体方案→制订模块方案→对方案进行可行性探讨→优化方案→制定计划→根据方案制作零件图和设计软件→制作装配图→制作清单→图纸审核→工件加工和配件采购→装配→调试→试运行→投入生产→申请知识产权保护。工业机器人系统集成项目开发流程如图 1-6 所示。

1.2.3 项目的目标和特点

1. 工业机器人系统项目的目标

工业机器人系统集成是机器人在实际应用中针对现场的集成开发(现场使用的工装夹具、焊枪、喷枪等)的配套软件形成的一个完整的系统调试开发,工业机器人的系统集成如图 1-7 所示。

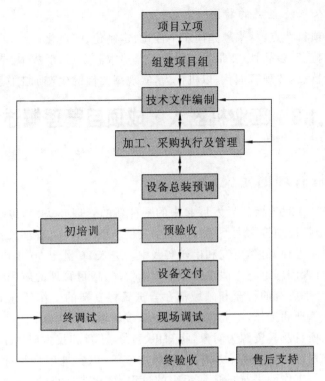

图 1-6 工业机器人系统集成项目开发流程

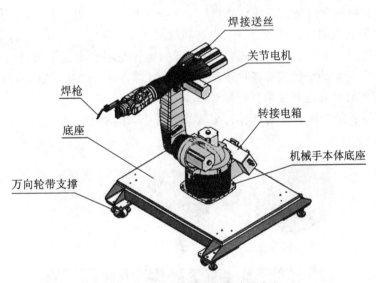

图 1-7 工业机器人的系统集成

工业机器人系统集成商处于机器人产业链的下游应用端,为终端客户提供应用解决方案,其负责工业机器人应用二次开发和周边自动化配套设备的集成,是工业机器人自动化应用的重要组成部分。只有机器人本体是不能完成任何工作的,需要通过系统集成之后才能为终端客户所用。

2. 工业机器人系统集成的特点

（1）智能装备项目特点：越来越趋向于个性化、定制化、绿色化；

（2）制造需求特点：多品种/变批量、混线生产，追求高质量、低成本、节能减排；

（3）技术层面特点：体现智能化，以机代人，实现高柔性的生产加工作业。

1.3 工业机器人集成项目管理概述

1.3.1 项目管理的定义

项目管理是第二次世界大战后发展起来的一种新的管理办法，其初始应用创造了著名的诺曼底登陆、曼哈顿计划等超大型项目的成功实例。随后，项目管理又被成功应用于航空航天、建筑工程、国防工程、科学研究和生产实践中。进入 20 世纪 90 年代，随着现代科学技术的蓬勃发展，项目管理理论与方法也得到了不断发展，项目管理的应用领域得到了前所未有的扩展。现在，几乎所有的行业和领域都在尝试着将复杂的工作任务细分为一个个相对独立的"项目"进行管理和运作，工业机器人集成系统领域也不例外。

项目管理是以项目及其资源为对象，将知识、技能、工具和技术应用于项目活动中，对项目进行高效率的计划、组织、指挥、协调、控制和评价等，以实现项目目标的管理方法体系。为完成项目目标所需工作而进行描述和组织的过程，被称为项目管理过程。项目管理是通过项目管理过程来实现的。具体如下。

（1）项目管理的目的是实现项目的目标——提供符合客户需求的产品、服务或成果，其任务是对项目及其资源进行计划、组织、协调和控制。

（2）项目管理的主体是项目经理，项目管理的客体是项目本身。项目经理受客户的委托，在时间有限、资金约束的前提条件下实现项目的目标，独立进行计划、调配、协调和控制，使组织能够有效且高效地开展项目。

（3）项目管理的职能是计划、组织、实施、协调和控制。如图 1-8 所示为工业机器人集成项目管理。

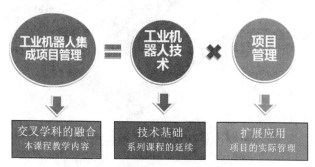

图 1-8 工业机器人集成项目管理

1.3.2 项目管理知识体系

本书参考美国项目管理协会（PMI）2018 年颁发的《项目管理知识体系指南（第六版）》对

工业机器人集成项目管理进行了知识体系划分。工业机器人集成项目管理知识体系即五大过程组、十大知识领域。项目管理的工作过程与知识领域之间的关系如表 1-2 所示。

表 1-2　项目管理的工作过程与知识领域的关系

知识领域	过程组				
	启动组(2)	规划组(24)	执行组(8)	控制组(11)	收尾组(2)
项目整体管理	• 制定项目章程	• 制订项目管理计划	• 指导和管理项目工作	• 监控项目工作 • 实施整体变更控制	• 结束项目/阶段
项目范围管理		• 规划范围管理 • 收集需求 • 定义范围 • 建立工作分解结构		• 确认范围 • 控制范围	
项目进度管理		• 规划进度管理 • 定义活动 • 排列活动顺序 • 估算活动资源 • 估算活动持续时间 • 制订进度计划		• 控制进度	
项目成本管理		• 规划成本管理 • 估算成本 • 制定预算		• 控制成本	
项目质量管理		• 规划质量管理	• 实施质量保证	• 控制质量	
项目人力资源管理		• 规划人力资源管理	• 组建项目团队 • 建设项目团队 • 管理项目团队		
项目沟通管理		• 规划沟通管理	• 管理沟通	• 控制沟通	

续表

知识领域	过程组				
	启动组(2)	规划组(24)	执行组(8)	控制组(11)	收尾组(2)
项目风险管理		• 规划风险管理 • 识别风险 • 实施定性风险分析 • 实施定量风险分析 • 规划风险应对		• 监视与控制风险	
项目采购管理		• 规划采购管理	• 实施采购	• 控制采购	• 结束采购
项目干系方管理	• 识别干系人	• 规划干系方管理	• 管理干系方参与	• 控制干系方参与	

1.3.3 项目管理要点

千变万化的现实总会让他们无所适从。在纸上画一个等边三角形,在各条边上分别标上交期、质量、成本。我们会看到,任何一条边的移动必定带动其他两条边的变形。这个三角形中间又是什么呢?是范围管理,也就是项目范围。这个三角形也就是我们常说的"项目管理三角形"。时间、成本、质量就是项目管理的三要素。

工业机器人集成项目管理的核心:用最低的成本,在规定的交期(进度)内,达到要求的质量,如图 1-9 所示。

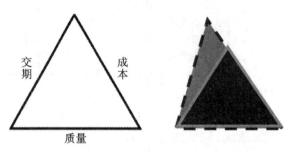

图 1-9　项目管理三角形

对三角形任何一边进行调整,都将影响其他两边。根据项目的不同,对这三个要素的要求也不同。如果项目强调最高利润、最低成本,那么应将费用放在第一位(首先和重点考虑),将时间和范围放在其次;如果项目强调最快完成,那么就应将时间放在第一位,将费用和范围放在其次。放在第一位的要素,称为"关键要素",在制订项目计划时首先要将"关键要素"固定下来,然后固定其他要素。对任何一个要素的调整都会影响到其他要素。

项目管理的要素随着项目管理的发展,从最初的三要素逐渐发展成为四要素、五要素,进而发展成为六要素。项目管理六要素包括项目范围、项目时间、项目成本、项目资源、项目风险、项目质量,管理好这些要素,是项目管理的要点。

1.3.4 项目整体管理

项目整体管理是指在项目的生命周期内,为了保证项目各个要素之间相互协调的全部工作和活动,它从整体的、全局的观点出发,通过有机地协调项目各要素(时间、成本、质量和资源等),在相互影响的各项具体项目目标和方案中权衡利弊,以尽可能消除项目各单项管理的局限性,从而最大限度满足项目干系人的需求和期望。项目整体管理包含的内容如图1-10所示,项目整体管理贯穿项目始终,对于项目的成功起着关键性的作用。

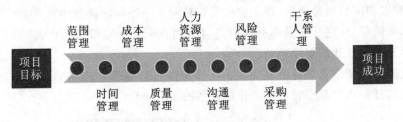

图 1-10　项目整体管理示意图

项目整体管理的工作过程如图1-11所示。在实际工作中,图中这六个工作过程经常会相互影响、相互关联,同时它们也会对项目的其他单项管理产生重要的影响。

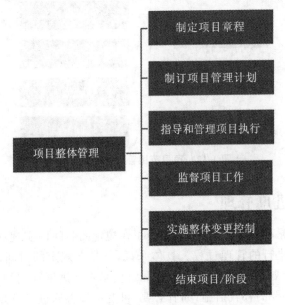

图 1-11　项目整体管理的工作过程

1.3.5 项目范围管理

项目范围是指产生项目产品包括的所有工作及产生这些产品所用的过程。对于工业机器人集成项目而言,导致项目成本居高不下、进度失控、后续变更、工程师资源消耗最大的问题通常在于源头的项目范围不清晰。承接一个工业机器人集成项目,应预先对实现项目目标所需进行的所有工作进行书面确认,任何工作都不能遗漏,不让项目范围"萎缩",同时也要剔除超出项目可交付成果需求的多余工作,不让项目范围"蔓延"。这里还需区分产品范围和项目范围。

（1）产品范围：客户对项目最终产品或服务所期望包含的特征和具体功能及性能参数。例如，一个工业机器人作为一个产品，该机器人的主要性能参数（自由度、定位精度、重复定位精度、工作范围、最大工作速度和承载能力等）就是产品范围的一部分。产品范围是否完成是参照客户对产品的要求来衡量的。

（2）项目范围：为了交付满足产品范围要求的产品、成果或服务而必须完成的全部工作的总和。例如工业机器人集成项目（也被称为工业机器人工作站系统），是指使用一台或多台机器人，配以相应的周边设备，用于完成某一特定工序作业的独立生产系统。这个系统包含若干个从属的部分，这些从属部分又有其各自独立而又相互依赖的产品范围。项目范围是否完成是参照项目计划来检验的。

项目范围管理是指对项目所要完成的工作范围进行管理和控制的活动和过程，实质上是一种功能管理。项目范围管理的工作过程如图1-12所示。

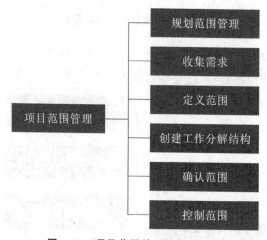

图 1-12 项目范围管理的工作过程

1.3.6 项目进度管理

项目进度管理就是项目时间的管理，是为了在规定的时间内实现项目的目标，对项目活动进度及日程安排所进行的管理过程。具体来说，就是在规定的时间内，制订出合理、经济的进度计划，然后在计划执行过程中，检查实际进度是否与进度计划相符合，若出现偏差，及时找出原因，并采取必要的补救措施；如有必要，可变更调整原进度计划，从而保证项目按时完成。项目进度管理的工作过程如图1-13所示。

1.3.7 项目成本管理

项目成本就是指完成一个项目的过程中所消耗的全部物化劳动和活劳动的货币表现。项目成本根据过程可以分为四类：项目决策和定义成本、项目设计成本、项目获取（采购）成本、项目实施成本。其中，项目实施成本又可分为人工成本（各种劳力的成本）、物料成本（消耗和占用的物料资源费用）、顾问费用（各种咨询和专家服务费用）、设备成本（折旧、租赁费用等）等。我们主要考虑的是实施成本。

项目成本管理是指在项目的实施过程中，为了保证完成项目所花费的实际成本不超过

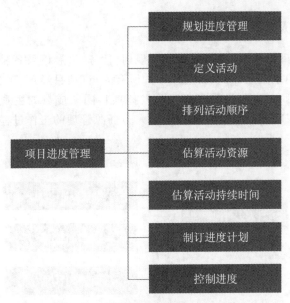

图 1-13　项目进度管理的工作过程

项目预算成本,而展开的规划成本管理、估算成本、制定预算和控制成本等方面的管理活动。公司间的竞争实质上就是成本竞争,项目成本管理是公司降低成本的关键,是决定公司能否取得效益的根本环节。如图 1-14 所示为项目成本管理的工作过程。

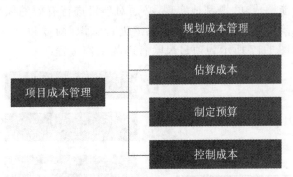

图 1-14　项目成本管理的工作过程

1.3.8　项目质量管理

项目质量是指项目的可交付成果能够满足客户需求的程度。项目质量管理是指在约束的时间、范围、预算成本等要求下,为了保证项目的可交付成果质量能够满足客户的需求,而进行的一系列围绕项目质量的计划、协调和控制等职能活动。这些活动确定了项目质量管理体系,并凭借规划质量管理、实施质量保证和控制质量等措施,决定了对质量政策的执行、对质量目标的完成以及对质量责任的履行。如图 1-15 所示为项目质量管理的工作过程。

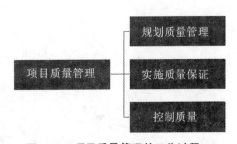

图 1-15　项目质量管理的工作过程

1.3.9　项目人力资源管理

项目人力资源管理就是要在对项目目标、规划、任务、进展以及各种变量进行合理、有序的分析、统筹和规划的基础上，对项目过程中的所有人员（项目经理、项目其他成员、客户等）给予有效的协调、控制和管理，目的在于充分发挥项目团队成员的主观能动性，最大限度地挖掘人才潜力，最终成功实现项目目标。项目人力资源管理的工作过程如图 1-16 所示。

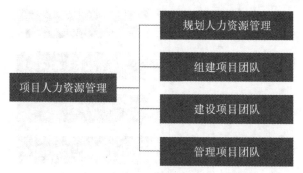

图 1-16　项目人力资源管理的工作过程

1.3.10　项目风险管理

每一个项目都存在一定的风险，由于项目启动时的不确定性，往往在项目初期风险最大。为了使项目目标能够成功、顺利地实现，必须对项目进行有效的风险管理。项目风险管理是指通过对项目风险的来源、性质和发生规律进行认识、衡量和分析，把项目的风险减至最低的管理过程。如图 1-17 所示为项目风险管理的工作过程。

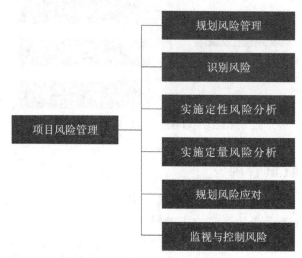

图 1-17　项目风险管理的工作过程

【思考与练习】

1-1　简述我国工业机器人系统集成模式。

1-2　简述工业机器人系统集成项目目标和特点。

1-3　简述工业机器人系统集成项目管理的知识体系。

项目 2
工业机器人系统集成项目一般知识

本书借鉴了美国项目管理协会（PMI）的《项目管理知识体系指南（第六版）》一书中的项目管理理论，并以此为基础，提出了针对工业机器人系统集成的项目管理方法。

◀ **学习要点**

1. 掌握项目生命周期。
2. 掌握项目管理过程。
3. 熟悉项目相关方。

◀ 2.1 项目生命周期 ▶

2.1.1 项目生命周期的特征

作为一种创造独特产品、服务或成果的一次性活动，项目是有明确的起止时间的，项目由始至终的整个过程即为项目的生命周期。美国项目管理协会（PMI）对项目生命周期的定义为："项目是分阶段完成的一项独特性的任务，一个组织在完成一个项目时会将项目划分成一系列的项目阶段，以便更好地管理和控制项目，更好地将组织的日常运作与项目管理结合到一起，项目的各个阶段放在一起就构成了一个项目的生命周期。"最为典型的项目生命周期阶段划分见表 2-1，实际工作中根据不同方法或不同领域可以再进行具体的划分。

表 2-1 典型的项目生命周期阶段划分

名称	主要内容
启动阶段	确定项目需求、项目立项、可行性研究、项目批准、建立项目组织、确定项目经理等
规划阶段	初步设计、估算费用和进度、拟定合同条款、详细规划和设计等
执行阶段	项目实施、项目监理、项目控制等
收尾阶段	项目收尾、文档整理、项目交接、项目后评价等

2.1.2 项目阶段的特征

（1）启动阶段。

启动就是一个新项目识别与开始的过程。从这个意义上讲，项目的启动阶段至关重要，这是决定是否投资以及投资什么项目的关键，这个过程的决策失误可能会造成巨大损失。

重视项目启动阶段，是保证项目成功的首要步骤。

启动涉及项目范围的知识领域，其输出结果有项目章程、任命项目经理、确定约束条件与假设条件等。

启动过程的最主要内容是进行项目的可行性研究与分析，因为只有做出开始或继续项目的正确决策，后续的项目业务才能得以顺利开展。

（2）规划阶段。

项目规划阶段包含的管理活动内容有拟订、编制和修订一个项目或项目阶段的工作目标、任务、工作计划方案、资源供应计划、成本预算、计划应急措施等工作。这是由一系列计划性项目工作所构成的项目管理具体过程。

规划是项目管理中非常重要的一个过程，通过对项目的范围、任务分解、资源分析等制订科学的计划，能使项目团队工作有序展开。

有了规划，在项目实施过程中才有参照，并通过对规划的不断修订与完善，使后面的规划更符合实际，并准确地指导项目工作。

（3）执行阶段。

项目实施阶段，也叫项目执行阶段，这个阶段占用了大量的资源而且充满风险，因为在实施过程中可能引发计划变更、基准重建,这些都会导致项目资源生产率、可用性以及项目的活动时间发生变化。

想要避免风险的发生,就必须保证项目实施过程中不出现偏差。一旦出现偏差,就要及时分析原因,并对项目计划或项目基准进行合理的修改。

另外,在项目开始实施之前,项目经理要把项目任务书发放给参加该项目的主要人员。因为,在项目任务书中对工程进度、工程质量标准、工作内容、项目范围等都有跟踪记录,能够有效地督促项目按要求实施。

(4)收尾阶段。

一个项目在收尾阶段还需要清理和整理项目文档、记录、资料、物品等,需确认项目所有有关信息已妥善处理,这不仅是降低了资源浪费,使得资源合理的利用,更是以后项目管理的重要财富。

项目收尾包括对最终产品进行验收、形成项目档案、汲取经验等,另外,也对项目干系人做一个合理的安排,这是很多人容易忽视的地方。

项目收尾的形式,可以根据项目大小自由决定,比如通过召开发布会、召开表彰会、公布绩效评估等手段来进行,也可根据实际情况决定采用哪种方式。

2.1.3 项目生命周期与产品生命周期的关系

这里需要注意,项目生命周期与产品生命周期的定义有所不同。例如,某一款新产品的生命周期包括经营企划、产品研发、产品设计、产品制造、产品销售、产品上市使用甚至产品报废退市的全过程。该新产品的研发工作可以视为一个项目,其作为研发项目有自己的生命周期(启动阶段、规划阶段、执行阶段、收尾阶段),而这只是该新产品生命周期中的一个具体阶段。如图 2-1 所示是项目生命周期和产品生命周期的关系。

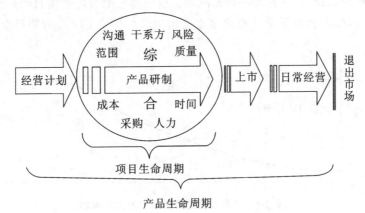

图 2-1　项目生命周期和产品生命周期的关系

项目生命周期通常具有以下特征:

(1)成本和人力投入。

对成本和工作人员的需求在项目的开始阶段比较少,在向后发展过程中需求越来越多并达到峰值,当项目结束时迅速回落。如图 2-2 所示为项目生命周期中的成本和人力投入。

(2)项目的风险与成功概率。

项目的实施是一个循序渐进的过程。在项目开始时,项目成功的概率最低,风险和不确定性最高。随着项目逐步地向前发展,需求和要求逐渐清晰、明朗,项目成功的概率越来越高。如图 2-3 所示为项目的风险与成功概率。

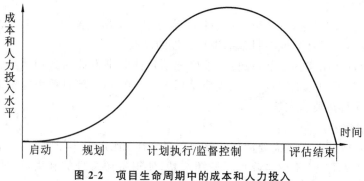

图 2-2　项目生命周期中的成本和人力投入

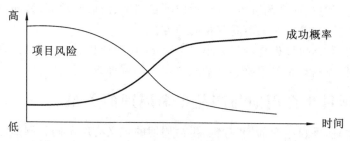

图 2-3　项目的风险与成功概率

（3）变更的费用和干系方的影响。

项目干系方的影响在项目的起始阶段是最大的,对项目产品的最终成本和最终特征影响最大。随着时间的推移,这种影响逐渐减弱。这主要是因为随着项目的逐步发展,投入的成本在不断增加,变更和纠正项目的成本也会增加。如图 2-4 所示为项目变更的费用和干系方的影响。

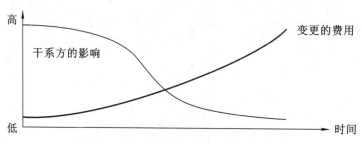

图 2-4　项目变更的费用和干系方的影响

根据项目生命周期的特征,在项目启动阶段有效地投入各项资源,准确地定义项目目标和范围,规划项目计划,有效地控制和管理项目的进度和项目变更,才能确保项目按时、高效地完成。

◀ 2.2　项目管理过程 ▶

工业机器人集成项目管理,通常的表现形式就是在有限的资源约束下,运用系统的观点、方法和理论,对项目涉及的全部工作进行有效的管理,即从项目的投资决策开始到项目结束的全过程进行项目的启动、规划、执行、收尾,以实现项目的目标。项目管理的五大过程组是启动组、规划组、执行组、监控组、收尾组,如图 2-5 所示。

图 2-5　项目管理的五大过程组

2.2.1　项目启动

项目启动阶段是确立项目及其最终可交付成果的阶段。这个阶段主要的工作任务是项目识别、项目团队或组织根据客户需求提出需求建议书、项目立项。其形成的文字资料主要有可行性研究报告、立项申请报告、项目章程等。

启动过程立项问题表如表 2-2 所示。

表 2-2　启动过程立项问题表

序号	问题	内容	结果
1	你想做什么	研究目的	
2	你为什么要做	研究意义和理论依据	(1) 需要的来源;
3	你如何去做	研究方案	(2) 如何解读需要;
4	你以前做过什么	研究基础	(3) 输出:项目立项
5	如何提高命中率	水平及技巧	

首要任务是选择项目经理;收集确认组织过程资产;设置里程碑计划;识别项目利益相关者;书面记录明确的项目目标和约束条件;制定项目章程;初步明确项目范围,核心为编写项目方案任务书。

2.2.2　项目规划

项目规划阶段主要是界定并改进项目目标,从各种备选方案中选择最佳方案,以实现项目事先预定的目标。这一阶段主要的工作任务是解决如何、何时、由谁来完成项目的目标等问题,即制订项目计划书、确定项目工作范围、进行项目工作分解、估算各个活动所需的时间和费用、做好进度安排和人员安排、建立质量保证体系等。

项目规划主要内容:选好团队成员;创建范围说明书、WBS(work breakdown structure)和 WBS 词典;创建分工矩阵(RACI);制订进度计划,创建网络图(或甘特图),确定关键路径;估算成本;识别、分析和管理风险;召开项目启动会议。

（1）项目计划制订路径。

图 2-6 所示为项目计划制订路径。

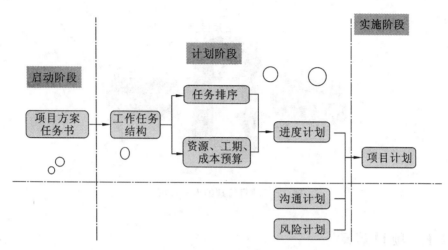

图 2-6 项目计划制订路径

（2）工作分解。

分解原则:"大事化小",将项目的任务按一定逻辑逐层分解,到可预测、可管理的单个活动为止。

任务分解表达形式:直观的图形式、简洁的目录式。

任务排序原则:按工作的客观规律、项目目标要求、轻重缓急、项目本身的内在关系来排序。

（3）产品质量。

主要内容包括评审策略、评审效果、偏差分析、效果跟踪、测试策略、测试效果、偏差分析和解决方案。

通常,设备成本的降低与以下两个方面有重要关系。

① 巧妙的、合理的机构和结构设计:通常,合理的机构和结构设计可以减少很多的部件,这是控制成本的第一步。

② 合理的零部件精度控制:它指的是根据设备或者模块的具体使用工况和寿命要求,选择合适的部件精度,这也是控制成本的重要一环。

图 2-7 所示为产品质量功能展示图。

2.2.3 项目执行

项目执行是协调人员和其他资源来执行计划。这一阶段主要的工作任务是:具体实施解决方案,执行项目的计划书;跟踪执行过程和进行过程控制;采购项目所需资源;合同管理;实施计划;进行进度控制、费用控制和质量控制等。

项目执行的主要内容包括执行计划、记录完成变更、持续改进、纠正、召开项目进展会议等。监控过程示意图如图 2-8 所示。

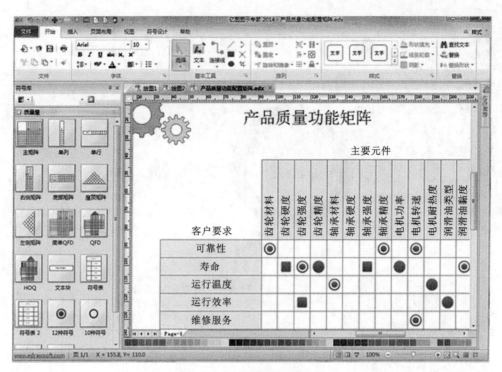

图 2-7 产品质量功能展示图

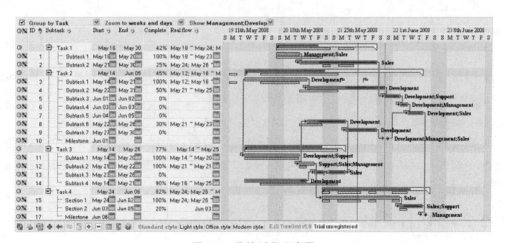

图 2-8 监控过程示意图

（1）过程质量。

过程质量的主要内容包括裁减策略、过程偏离、采取措施、效果跟踪。过程质量的控制如图 2-9 所示。

（2）风险管理。

在工业自动化设备中的风险通常有以下几类：功能风险，所设计制造的设备是否能实现功能；部件质量风险，所设计制造的零部件是否可靠、是否有足够的疲劳强度、是否能顺利工作；成本风险，本设备制造费用是否会超出预算；进度风险，本设备能否按时完成。风险管理

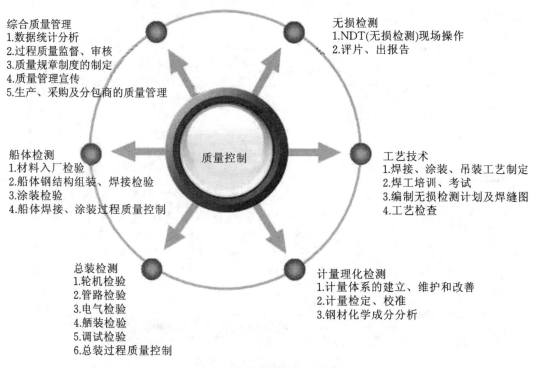

综合质量管理
1.数据统计分析
2.过程质量监督、审核
3.质量规章制度的制定
4.质量管理宣传
5.生产、采购及分包商的质量管理

无损检测
1.NDT(无损检测)现场操作
2.评片、出报告

船体检测
1.材料入厂检验
2.船体钢结构组装、焊接检验
3.涂装检验
4.船体焊接、涂装过程质量控制

质量控制

工艺技术
1.焊接、涂装、吊装工艺制定
2.焊工培训、考试
3.编制无损检测计划及焊缝图
4.工艺检查

总装检测
1.轮机检验
2.管路检验
3.电气检验
4.舾装检验
5.调试检验
6.总装过程质量控制

计量理化检测
1.计量体系的建立、维护和改善
2.计量检定、校准
3.钢材化学成分分析

图 2-9　过程质量控制示意图

的四个基本流程为：①风险识别；②风险评估；③风险应对；④风险监控。

（3）缺陷预防。

缺陷预防是在各种错误遗留到后续开发阶段前，运用各种技术和过程来发现和避免这些错误，其中包括：①缺陷分析；②预防更新；③绩效跟踪。

（4）变更管理。

变更管理是指项目组织为适应项目运行过程中与项目相关的各种因素的变化，保证项目目标的实现而对项目计划进行相应的部分或全部变更，其中包括：①变更策略；②变更分析；③采取措施；④效果跟踪；⑤版本管理。

2.2.4　项目监控

项目监控主要内容为通过误差矢量幅度(error vector magnitude,EVM)确定偏差；核实范围；控制变更；风险审计、再评估；管理风险储备金；测量和报告绩效以及管理合同等，如图2-10所示。

2.2.5　项目收尾

当项目的目标已经实现，或者项目的目标已不可能实现时，项目就进入了收尾阶段。项目收尾包括合同收尾和管理收尾两部分。项目收尾主要工作包括最终可交付成果、质量验收、费用决算和审计、项目资料整理与验收、项目交接与清算等。合同收尾主要工作包括确认项目被客户正式接受、报告项目绩效、建立项目档案并更新企业数据库、解散团队等。

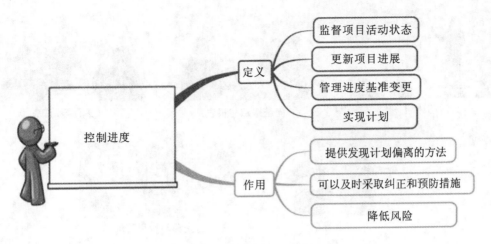

图 2-10　监控过程示意图

◀ 2.3　项目相关方 ▶

2.3.1　授权项目经理

项目经理是项目的负责人,负责项目的计划、组织、协调和控制的全过程,以保证项目目标的成功实现。他是项目的最高责任者、组织者和管理者,在项目团队中具有举足轻重的地位。工业机器人项目管理是一项非常复杂的工作,因此,对项目经理也就提出了较高的个人要求,要求项目经理具有勇于承担责任的精神、积极创新的精神、实事求是的精神、任劳任怨积极肯干的精神、自信和锲而不舍的精神。项目经理的项目管理过程如图 2-11 所示 。

(1) 项目经理的权利。

项目经理的权利大小取决于其所在公司采用什么类型的组织结构以及项目本身的重要性。项目经理的权利一般来说表现在以下几个方面:①项目经理具有选择项目团队或成员的最终决定权;②项目经理对项目执行过程中的各项活动具有决策权;③项目经理具有具体使用和分配项目各项资源的权利。

(2) 项目经理的职责。

项目经理是项目的领导者,具有对项目进行质量、安全、进度、成本管理的责任。项目经理的首要任务就是制订项目团队的总体战略目标,以及为了实现战略目标而制订一系列的作业计划,但是并非每一个作业计划都需要项目经理亲自制订。项目经理的组织工作包括:一是对每项具体工作进行范围描述,并安排合适的人员;二是决定哪些工作由项目组织内部完成,哪些工作由项目组织外部协作者来完成。为了保证项目进展与项目目标一致,项目经理根据设计的项目管理信息系统,分析研究已经出现的问题和潜在风险,在必要的时候对项目进行变更,对项目的计划进行及时调整。以下为对各类人员的工作要求。

活动计划

问题跟踪与报表

执行与监控

沟通管理

资源与费用管理

提供实时概览，记录行动的具体情况及问题，在第一时间发现问题

提供准确、实时的信息，做出有效决策

图 2-11　项目经理的项目管理过程

责任人：①积极主动了解项目技术；②项目计划编制、监督和改进；③熟知业务管理；④推进项目目标的达成。

协调人：①组织能力出色，表达能力强，有威信，引导团队积极向上；②有效化解矛盾；③善于沟通各方信息和利益分配；④努力协调并合理配置各项资源。

筹划员：①预测和评估风险及不确定性；②能够及时发现问题，选定问题/冲突的解决方案；③能平衡技术编制和项目控制上的时间、精力投入。

决策者：①具有警惕性和快速反应能力；②出色的创新能力和领导才能；③精力充沛、坚毅不拔；④能够权衡时间、成本等矛盾。

（3）项目经理的素质。

项目经理担当着类似总经理的角色，应具备以下素质：①勇于承担责任和善于决策；②有积极和大胆的创新精神；③具有实事求是的工作作风；④有很强的自信心。

（4）项目经理的能力。

项目经理不仅要具备以上优秀的职业素质，还必须具备过硬的业务能力：①领导能力；②人际交往能力；③人员开发能力；④处理问题的能力；⑤建设项目团队的能力。同时企业项目经理的工作性质、任务和责任也同样重要。

需要指出的是，项目经理并不是技术顾问，所以并不是技术高超就可以担任项目经理这个角色。有很多企业选择项目经理时只关注个人的专业技能，忽略了管理能力，结果导致项目失败。但是，项目经理必须对项目技术有非常深入的了解和独到的见解，否则，他就不可能制订出合理的项目计划。项目经理必须要对整个项目的进程和状态有很强的驾驭能力。

2.3.2 识别项目干系人

一个项目需要多方面的人员或组织的参与才能实现项目目标。项目干系方也被称为利益关系人，是指积极参与项目，其利益可能受项目影响的个人或组织，如项目经理、客户、项目团队、供应商、政府有关部门、新闻媒体、商业伙伴、社区公众等。

由于不同的项目干系人对项目的需求不同，他们不可避免地具有不同的利益区域，如客户希望项目造价尽可能低，供应商则希望尽量提高所供资源的价格，项目组织（承包商）则更关心如何降低成本、提高承包合同价。对项目干系人进行识别分析是深入了解他们对项目的利益、期望和影响等，并把他们跟项目的目的联系起来，以便针对他们的利益、问题和需要进行沟通，建立起联盟和伙伴合作关系，最终确保项目获得成功。

【思考与练习】

2-1 简述工业机器人系统集成项目的生命周期。

2-2 简述工业机器人系统集成项目的管理过程。

2-3 简述工业机器人系统集成项目的管理要点。

项目 3
工业机器人项目立项管理

项目启动是确立及启动一个项目的过程。项目启动过程包含项目获得授权、正式开始该项目、定义初步的范围和落实初步的人力、财力等资源。项目章程一经批准,标志着项目的正式启动,在项目获得正式授权开始之前,需要对项目进行需求收集、可行性论证、招投标和签订合同等。

工业机器人系统集成项目可行性分析包括项目的客户需求分析、现场工况分析(产品产能分析、装备布局分析、工厂环境分析、自动化分析、生产工艺分析)、方案初步设计及报价、环境影响分析、资金筹措、盈利能力分析等,从技术、经济、工程等角度对项目进行调查研究和分析比较,并对项目完成以后可能取得的技术、经济和社会效益进行科学预测,为项目决策提供公正、可靠、科学的投资咨询意见。可行性分析阶段最终以可行性分析报告作为过程输出文件。

本项目共分为 4 小节,首先介绍了立项管理内容,共包括 5 个典型环节:项目建议、项目可行性分析、项目审批、项目招投标、项目合同谈判与签订;然后分别介绍了建设方和承建方的立项管理,其中通过列举自动化组装国标电源的案例展示了可行性分析报告的主要内容;最后介绍了签订合同的详细流程。本项目内容可以让读者对项目启动及启动之前所做的准备工作有一个深入具体的认识。

◀**学习要点**

1. 掌握客户需求分析。
2. 掌握现场工况分析。
3. 熟悉项目需求技术资料。
4. 掌握工业机器人项目方案初步设计。
5. 熟悉工业机器人项目开发方案报价。
6. 熟悉投标议标。
7. 掌握项目可行性研究报告。
8. 掌握项目启动的工作流程和内容。

◀ 3.1 立项管理内容 ▶

项目立项管理包括以下五个典型环节,分别是项目建议、项目可行性分析、项目审批、项目招投标、项目合同谈判与签订。

3.1.1 需求分析

1. 项目需求分析定义

从广义上理解,需求分析包括需求的获取、分析、规格说明、变更、验证、管理的一系列需求工程。从狭义上理解,需求分析指需求的分析、定义过程。

简言之,需求分析的任务就是解决"做什么"的问题,就是要全面地理解用户的各项要求,并准确地表达所接受的用户需求。

2. 项目需求分析的特点及难点

需求分析的特点及难点主要体现在以下几个方面。

(1)确定问题难。确定问题难的主要原因有两点。一是应用领域的复杂性及业务变化,难以具体确定;二是由用户需求所涉及的多因素引起的,比如运行环境和系统功能、性能、可靠性和接口等。

(2)需求时常变化。软件的需求在整个软件生存周期,常会随着时间和业务而有所变化。有的用户需求经常变化,一些企业可能正处在体制改革与企业重组的变动期和成长期,其企业需求不成熟、不稳定和不规范,致使需求具有动态性。

(3)交流难以达成共识。需求分析涉及的人、事物及相关因素多,与用户、业务专家、需求工程师和项目管理员等进行交流时,交流中涉及不同的背景知识、角色和思维角度等,使得达成共识较难。

(4)获取的需求难以达到完备与一致。由于不同人员对系统的要求认识不尽相同,所以对问题的表述不够准确,各方面的需求还可能存在矛盾,若矛盾难以消除,也较难形成完备和一致的定义。

(5)需求难以进行深入的分析与完善。对不全面准确的分析、客户环境和业务流程的改变、市场趋势的变化等需求的理解也会随着分析、设计和实现的需要而不断深入完善,在最后也可能重新修订软件需求。分析人员应认识到需求变化的必然性,并采取措施减少需求变更对软件的影响。对必要的变更需求要经过认真评审、跟踪和比较分析后才能实施。

3.1.2 项目建议书

项目建议书(request for proposal,RFP)是项目建设单位向上级主管部门提交的项目申请文件,是对拟建项目提出的总体设想。

1. 项目建议书的概念

项目建议书又称立项申请,是项目建设单位向上级主管部门提交项目申请时所必需的文件。

2. 项目建议书的主要内容

(1)项目的必要性。

(2)项目的市场预测。

(3)产品方案或服务的市场预测。

(4)项目建设必需的条件。

3.1.3 项目可行性研究报告

项目可行性研究报告是一种格式比较固定的、用于向国家项目审核部门(如国家发展改革委)进行项目立项申报的商务文书。

1. 项目可行性研究的概念

项目可行性研究主要是通过对项目的主要内容和配套条件,如市场需求、资源供应、建设规模、工艺路线、设备选型、环境影响、资金筹措、盈利能力等,从技术、经济、工程等方面进行调查研究和分析比较,并对项目建成以后可能取得的财务、经济效益及社会影响进行预测,从而提出该项目是否值得投资和如何进行建设的咨询意见,为项目决策提供依据的一种综合性的分析方法。可行性研究具有预见性、公正性、可靠性、科学性的特点。

2. 项目可行性研究报告的主要内容

(1)投资必要性。

主要根据市场调查及预测的结果,以及有关的产业政策等因素,论证项目投资建设的必要性。

(2)技术可行性。

主要从项目实施的技术角度,合理设计技术方案,并进行比较、选择和评价。

(3)财务可行性。

主要从项目及投资者的角度,合理设计财务方案,从企业理财的角度进行资本预算,评价项目的财务盈利能力,进行投资决策,并从融资主体(企业)的角度评价股东投资收益、现金流量计划及债务清偿能力。

(4)组织可行性。

制订合理的项目实施进度计划,设计合理的组织机构,选择经验丰富的管理人员,建立良好的协作关系,制订合适的培训计划等,以保证项目顺利执行。

(5)经济可行性。

主要是从资源配置的角度衡量项目的价值,评价项目在实现区域经济发展目标、有效配置经济资源、增加供应、创造就业、改善环境、提高人民生活品质等方面的效益。

(6)社会可行性。

主要分析项目对社会的影响,包括政治体制、方针政策、经济结构、法律道德、宗教民族、妇女儿童及社会稳定性等。

(7)风险因素及对策。

主要是对项目的市场风险、技术风险、财务风险、组织风险、法律风险、经济风险及社会风险等因素进行评价,制订规避风险的对策,为项目全过程的风险管理提供依据。

◀ 3.2 建设方的立项管理 ▶

3.2.1 立项申请书(项目建议书)的编写、申报和审批

项目建设单位完成项目建议书编制工作之后,提交给项目审批部门,项目审批部门再征求相关部门意见,并委托有资格的咨询机构评估后审核批复,或报国务院审批后下达批复。

以下为立项申请书(项目建议书)的编写、申报及审批的要求。

(1)编写:大中型和限额以上拟建项目上报建议书时应附初步可行性研究报告,该报告由有资质的设计单位或工程咨询公司编制。

(2)申报:先按隶属关系报到主管部门,再上报到县或市发改委。

(3)审批:按现行管理体制、隶属关系,分级审批。

3.2.2 项目的可行性研究

可行性研究是确定建设项目前具有决定性意义的工作,是在投资决策之前,对拟建项目进行全面技术经济分析的科学论证。在投资管理中,可行性研究是指对与拟建项目有关的自然、社会、经济、技术条件等进行调研、分析、比较并预测建成后的社会经济效益,在此基础上,综合论证项目建设的必要性、财务的盈利性、经济上的合理性、技术上的先进性和适应性以及建设条件的可能性和可行性,从而为投资决策提供科学依据。

项目可行性研究的主要内容如表 3-1 所示。

表 3-1 项目可行性研究的主要内容

阶段	主要内容
初步可行性研究	初步可行性研究是介于机会可行性研究和详细可行性研究的一个中间阶段,是在项目意向确定之后,对项目的初步估计。 初步可行性研究可能出现 4 种结果:①肯定,对于比较小的项目甚至可以直接"上马";②肯定,转入详细可行性研究;③展开专题研究,如建立原型系统,演示主要功能模块或者验证关键技术;④否定,项目应该"下马"
详细可行性研究	需要对一个项目的技术、经济、法律及社会环境等方面进行深入调查、研究
可行性论证	对项目财务评价、国民经济评价、环境影响评价、社会影响评价,以及对合规性、政策、技术、经济等进行评价、分析和论证,重视数据资料,加强科学的预测工作,微观经济效果与宏观经济效果相结合,近期经济效果与远期经济效果相结合,定性分析与定量分析相结合
项目评估	在可行性研究的基础上,由第三方根据政策、法规等,从项目、国民经济、社会角度出发,对拟建项目建设的必要性、建设条件、生产条件、产品市场需求、经济效益和社会效益等进行评价、分析和论证,进而判断其是否可行。项目评估是项目投资前期进行决策管理的重要环节,其目的是审查项目可行性研究的可靠性、真实性和客观性,为银行的贷款决策或主管部门的审批决策提供科学依据

阶段	主要内容
可行性研究报告的编写、提交和获得批准	通过招标确定或委托具有相关专业资质的工程咨询机构编制项目可行性研究报告,报送项目审批部门

3.2.3 项目招投标

项目经过可行性分析论证之后,就可以开始投标(乙方)了。招标和投标是一种商品交易行为,是交易过程的两个方面。招标投标是一种国际惯例,是商品经济高度发展的产物,是应用技术、经济的方法和市场经济的竞争机制的作用,有组织开展的一种择优成交的方式。这种方式是在货物、工程和服务的采购行为中,招标人通过事先公布的采购要求,吸引众多的投标人按照同等条件进行平等竞争,按照规定程序并组织技术、经济和法律等方面的专家对众多的投标人进行综合评审,从中择优选定项目的中标人的行为过程。其实质是以较低的价格获得最优的货物、工程和服务。

1. 什么是招投标

招投标,是招标投标的简称,是一种因招标人的要约,引发投标人的承诺,经过招标人的择优选定,最终形成协议和合同关系的平等主体之间的经济活动过程。

招标人,也叫招标采购人,是采用招标方式进行货物、工程或服务采购的法人和其他社会经济组织。

投标人是指响应招标、参加投标竞争的法人或者其他组织。其中,那些对招标公告或邀请感兴趣的可能参加投标的人称为潜在投标人,只有那些响应并参加投标的潜在投标人才能称为投标人。

招标方与投标方交易的项目统称为标的。招投标交易的项目分为工程类、货物类、服务类。工程类项目标的指的是项目的工程设计、土建施工、成套设备、安装调试等内容。货物类项目标的指的是拟采购商品的规格、型号、性能、质量要求等。服务类项目标的指的是服务要保障的内容、范围、质量要求等。服务包括除工程和货物以外的各类社会服务、金融服务、科技服务、商业服务等,包括与工程建设项目有关的投融资、项目前期评估咨询、勘察设计、工程监理、项目管理服务等。服务招标中还包括各类资产所有权、资源经营权和使用权出让招标,如企业资产或股权转让、土地使用权出让、基础设施特许经营权出让、科研成果与技术转让以及其他资源使用权出让招标等。

2. 招投标的基本原则

招标投标应当遵循公开、公平、公正和诚实信用等原则。

(1)公开原则是指招标项目的要求、投标人资格条件、评标方法和标准、招标程序和时间安排等信息应当按规定公开透明。

(2)公平原则是指每个潜在投标人都享有参与平等竞争的机会和权利,不得设置任何条件歧视排斥或偏袒保护潜在投标人。

(3)公正原则是指招标人与投标人应当公正交易,且招标人对每个投标人应当公正评价。

（4）诚实信用原则是指招标投标活动主体应当遵纪守法、诚实善意、恪守信用,严禁弄虚作假、言而无信。

3. 招投标的特征

招标投标是一种商品交易方式,是市场经济发展的必然产物。与传统交易活动中采用供求双方"一对一"直接交易的交易方式相比,招标投标是相对成熟的、高级的、有组织的、规范化的交易方式,具有以下特征。

（1）竞争性。

招投标的核心是竞争,按规定每一次招标必须有三家以上投标,这就形成了投标者之间的竞争,他们以各自的实力、信誉、服务、质量、报价等优势,战胜其他的投标者。竞争是社会主义市场经济的本质要求,也是招标投标的根本特征。

（2）程序性。

招标投标活动必须遵循严格规范的法律程序。《中华人民共和国招标投标法》及相关法律政策,对招标人从确定招标采购范围、招标方式、招标组织形式到选择中标人并签订合同的招标投标全过程每一环节的时间、顺序都有严格、规范的限制,不能随意改变。任何违反法律程序的招标投标行为,都可能侵害其他当事人的权益,必须承担相应的法律后果。

（3）规范性。

《中华人民共和国招标投标法》及相关法律政策,对招标投标各个环节的工作条件、内容、范围、形式、标准以及参与主体的资格、行为和责任都做出了严格的规定。

（4）一次性。

投标要约和中标承诺只有一次机会,且密封投标,双方不得在招标投标过程中就实质性内容进行协商谈判,讨价还价,这也是招投标与询价采购、谈判采购以及拍卖竞价的主要区别。

（5）技术经济性。

招标采购或出售标的都具有不同程度的技术性,包括标的的使用功能和技术标准,建造、生产和服务过程的技术及管理要求等;招标投标的经济性则体现在中标价格是招标人预期投资目标和投标人竞争期望值的综合平衡。

3.3 承建方的立项管理

3.3.1 项目识别

项目识别就是面对客户已识别的需求,承约商从备选的项目方案中选出一种可能的项目方案来满足这种需求。项目识别需要综合考虑以下几个方面的影响因素。

（1）市场需求。

这一因素多数是由市场变化引起的,如果市场需求大,那么该项目就会有更大的成功机会。例如,为了回应市场长期的汽油供给短缺,一家石油公司决定开始建设一个炼油厂。

（2）商业机遇。

这一因素多与市场竞争中出现的机遇有关。例如,当需要职业生涯规划咨询的人数日益增多的时候,一个管理咨询公司就可以开发这项新的咨询项目。

（3）消费变化。

这类需求大多是由新的消费需求或时尚引起的。消费需求的变化也会引发对项目的需求。例如,当人们在衣着方面更加追求独特性时,个性化、定制化的服装生产项目就会出现。

（4）科技进步。

这一因素多是由某项技术的发展变化引起的。例如,在 DVD(数字视频光盘或数字影盘)技术成熟之后,一些企业很快就放弃了 VCD(影音光碟)技术,进而开发和生产 DVD 新产品。

（5）法律要求。

这一因素多是由一个国家或地区的法律变化引起的。例如,政府颁布了新的大气保护法,汽车制造商们就要为解决汽车排放达标问题而开展新的研究与项目。

3.3.2 项目论证

可行性分析报告是在客户端(甲方)项目立项申请书获得审批通过的基础上,由承包商(乙方)企业内部所有业务部门参加的并行设计组和客户共同进行可行性分析,对项目市场、技术、经济和环境等方面进行科学系统的精确分析,完成对市场和销售、规模和产品、效益及风险等的计算、论证和评价,依此就是否应该投资开发该项目以及如何投资等给出结论性意见的报告。可行性分析是投资决策前必不可少的关键环节。表 3-2 为某自动化装配项目的可行性分析报告(立项建议书)。

可行性分析报告一般包括下列内容:

（1）项目背景,确定项目开发的必要性和可能性。

（2）项目目标及预期成果,确定技术规格、性能参数和约束条件。

（3）提出该项目的关键技术问题和解决途径。

（4）组建项目团队,确定骨干成员和明确职责。

（5）提出该项目的风险及应对措施。

（6）预期达到的技术、经济、社会效益等。

（7）预算投资费用及项目进度(关键里程碑)、期限。

表 3-2 可行性分析报告(立项建议书)

项目背景及概述	9V600mAv 8.0 国标电源订单量占电源总订单的 70%,且市场需求稳定,当前工艺需要作业员手工完成,因产能需求高,需使用大量的员工进行作业。会存在以下问题:① 人工成本越来越高,甚至常常不能找到足够的操作员来满足营运要求;② 对于所有产品的制程,操作工人都需要经过全面培训,日常生产管理安排在对新员工和新制程的培训中;③ 由于操作工人日常情绪变化以及技术熟练程度的不同,很难保持一致的产品品质,从而降低良率、增加成本、吞噬利润。 　综合以上问题,我们需要导入自动化组装取代传统的手工装配。通过前期的调研,自动化组装的瓶颈主要受限于当前产品的设计,本次项目完成的先决条件是打破现有的电源设计以解决自动化组装的难题,设计变更如下。① 电源机壳设计变更:由不规则形状变更为规则的长方体,方便自动化取放;② DC线连接方式变更:由焊接工艺变更为可分离式插拔工艺,避免DC线对自动化装组的干涉。通过以上设计变更,电源可实现自动化组装生产代替目前的手工装配
项目的目标及预期成果	① 节省人力成本(节省组装人力 22 人/班);② 提升效率(不会因作业人员减少而降低效率);③ 提升品质(全自动化生产,减少人工加工品质变异);④ 节省材料成本(每个电源综合材料成本节省 0.124 元)

项目技术可行性分析	① 改善后的样品已打样完成并通过各部门评审；② 可实现全自动化生产，满足目标 UPH：2100 pcs/H

项目成员和职责：

职能部门	电源事业部	自动化部	电源工程部	电源研发部	工程中心	CEG
负责人	田××	梁××	周××	王×	张×	袁×
职责	项目总负责人	自动化设备设计，确保满足验收要求	项目需求分析，设备验收	电源 PCB 设计	电源机壳结构设计	询价、比价议价、选取最优供应商

项目关键里程碑：

项目风险分析及应对措施：

① 市场风险：产品的外观变更，客户无法接受。应对措施：通过沟通，客户可以接受此变更。

② 效率风险：效率无法满足目标产能需求。应对措施：建立产能爬坡计划，针对瓶颈给出改善对策并落实到位。

③ 成本风险：成本超出预期。应对措施：坚守成本底线，成本不可增加

项目经济效益分析：

电源成本明细	新机壳重量节省	DC 座以量换价每pcs 0.1 元	双 DC 头线工艺优化后材料成本增加	DC 线材缩短 4 cm	变压器优化降低	自动化节省人工折扣单件成本	合计（人民币）	备注
	−0.072 元	+0.07 元	+0.1 元	−0.012 元	−0.02 元	−0.19 元	−0.124 元	正数为成本增加，负数为成本降低

投资（总计）	项目名称	数量	预估单价	小计	合计	备注
投资（总计）	电源全自动组装测试线	1	90 万元	90 万元	90 万元	根据方案结构用材估算，实际参照立项后配件 BOM 表
支出（月度）	电费支出	1	3000 元	3000 元	3000 元	按设备功率计算
收益（月度）	每班人员节省（一天两班）	22/班	4500 元	198000 元	198000 元	理论减少工人数
	投资回报年限				195000 元	回收年限：5 个月

电源成本综合节省：0.124（元）　设备投资：90 万（元）　人员节省/班：22（人）　年收益：237.6 万（元）　回收期：5（个月）

制定：　　　　　审批：　　　　　核准：

3.3.3 投标

投标是一个投标招标的专业术语,是指投标人应招标人的邀请,根据招标公告或投标邀请书所规定的条件,在规定期限内,向招标人递盘的行为。投标文件是表述投标人实力、信誉状况、投标报价及投标人对招标文件响应程度的重要文件,也是评标委员会和招标人评价投标人的主要依据。企业在产品和实力满足招标文件要求的前提下,编制出高水平的投标文件,是在竞争中获胜的关键。因为投标文件中任何含糊不清的内容或者未予明确的细节都有可能导致中标率下降以及后期执行合同意见的不一致。

1. 准备工作

投标人一旦跟踪上某项目,首先应捕捉以下信息,并在其确定无疑时去购买招标文件。

(1)该项目资金来源及可靠性。

(2)该项目是否有内控标底价,价格是否合理。

(3)该项目决策授权人是否有倾向性意见。

(4)宣传推介投标品牌及收集反应。

2. 阅读招标文件

认真阅读招标文件2~3遍,对招标文件个别条款不明确的,应及时与招标机构沟通,标示出重点部分及必须提供的材料,最好建立备忘表(有些材料必须得提供,否则会导致废标)。

投标人需要思考以下问题。

(1)招标人是哪个单位的?

(2)哪些是控标点?

(3)报价有哪些要求?

(4)哪些材料需要及时处理?

(5)是哪种品牌的标的?

(6)是否需要寻求合作伙伴?

(7)竞争对手有哪些?

(8)是否需要厂家授权?

(9)哪些要求我司达不到?

(10)装订密封、份数要求是否符合规范?

(11)是否有业绩要求(合同)、财务报表?

(12)是否参与此次投标?

······

3. 制作标书

首先应根据招标文件的要求拟定本次投标文件关于商务和技术部分章节的名称和大致内容要求,一定要按招标文件的要求依次进行编排并填充相应内容,以充分说明我方能够满足招标方的要求。

招标文件对招标方的商务要求包括产品形式、型号、规格、数量、交货期等以及投标方所需的资质条件能否满足招标方要求;对招标方的技术要求,我方有哪些产品不能满足,应及时提出来,以便研究如何投标。

以下为制作标书的结构及要求:

(1)商务部分。

商务部分一般包括投标人说明、厂家介绍、业绩、合同、产品授权书、法人授权书、三证、资格证书、交货期、付款方式、售后服务、承诺书、商务偏离表、商务应答、备品备件专用工具清单等,要严格按照标书内容要求及顺序编写。

① 成功案例:要将主要业绩(案例图片)放在突出位置,黑体。

② 资质文件:检查有效性,避免放错文件或者放入过期文件。

③ 厂家授权:扫描后原件寄送投标单位(注意快递时间)。

④ 业绩合同:注意合同金额、时间是否要体现,原则上体现高价。

(2)技术部分。

技术部分包括投标设备技术说明、图纸设计、技术参数、产品配置、技术规格偏离表、技术力量简介、安装施工方案、产品质量、产品简介、产品彩页等,要严格按照标书内容要求及顺序编写。

① 抓重点,不必太详细,要有针对性地介绍,根据招标要求决定是否要提供产品彩页、截图界面。

② 对我方的优点和长处一定要表述清楚并放到突出位置,一般情况下,放在技术部分的前部,以提升产品形象。

③ 审核产品技术参数、技术性能的表述是否满足招标方的技术要求。

④ 审核技术差异表的编排内容是否合理准确,有无遗漏或者多余的。

⑤ 审核技术部分编排顺序是否符合招标方的要求及其是否合理。

⑥ 审核有无多余或者不足的文件需要剔除或补充。

(3)偏离表。

偏离表包括商业交易的双方信息,产品的类型、质量、数量和价格信息,交货地址和时间,付款方式和方法,保修条款,维修、退换货的规定等。

① 偏离说明:正偏离、负偏离、无偏离。如投标产品的技术指标优于招标要求,即为正偏离,反之为负偏离,符合招标要求即为无偏离。

② 要完全响应或者超越其要求,绝对不能填写满足不了的参数,一定要让参数相对应,不可串行。

③ 多写正偏离,换种语言文字描述,写明投标产品的技术参数特点、产品优势。

(4)报价。

报价包括产品的详细描述、单价与总价、费用构成、交付条款等。

① 一定要有报价一览表(总价)、分项报价表。

② 审核报价表中设备名称、品牌、型号、数量、参数等是否与招投标文件一致。

③ 审核大小写是否正确、数目是否相符。

④ 注意报价表中货币单位前后一致,是否符合招标文件要求。

⑤ 格式一定要和招标方要求的格式一样。

⑥ 要多打印几份空白报价备用。

4. 开标前、中、后的工作注意事项

(1)开标前。

① 查询登记:开标时间、开标地点、招标机构联系人、联系电话、乘车路线、交通方式、乘车时间。

② 整理收集:招标文件、投标文件明细清单及招标文件规定的其他在开标前需要提交的资料。

③ 资料:包括但不限于投标代表人身份证原件及复印件(加盖公章)、报名函证明、投标

保证金缴纳凭证(加盖公章)或现金、彩页、代理证书、合同原件等。

（2）开标现场。

① 记录开标情况,如各投标单位名称、数量、投标产品、投标价格、投标代表、评分排名、预中标单位等。

② 可与其他投标单位交流,但不透露对公司不利的事情,特别是本次投标价格。

③ 记录招标单位负责人、评委、关键人。

④ 平常多锻炼,精彩地讲标,注意讲标时间(5～10分钟),对评分关键点和投标产品的优势重点描述。

（3）开标后。

① 如果没有确定投标结果,应及时向领导汇报,后期应及时跟踪进度。

② 如果中标,及时向领导汇报,感谢评标专家,跟踪到项目签订内部合同为止。

③ 如果落标,分析落标原因,填写到标书登记表中。

④ 中标公告公示期满后,办理中标通知书领取、投标保证金退还、中标单位中标服务费缴纳、合同签订等跟进工作。具体办理时应与招标机构沟通。

5. 招标竞争性谈判文件

竞争性谈判文件是指采购人编制的包含谈判程序与内容、合同草案条款以及评定成交的标准等事项的规范性文件。一般目录如下:

6. 招标竞争性谈判响应文件

投标竞争性谈判响应文件是供应商对竞争性谈判方案做出的响应声明,其响应内容应包括供应商的企业基本信息,最重要的还有对其谈判报价的说明,自身对竞争性谈判文件内容、规定以及谈判程序、做法的理解,对成交后履行承诺以及谈判响应文件有效期的声明等。参考目录如下:

7)售前、售后服务承诺 ···

8)谈判供应商认为需要提供的证明文件及资料 ·························

◀ 3.4 合同签订 ▶

根据工作任务说明书内容与客户进行沟通确认,确保双方达成一致,达成一致后,开始走合同签订流程。

3.4.1 合同签订的流程

(1)立项:根据立项依据及资金来源(预算内与预算外)等进行。

(2)意向接触:确定合作主要条件及运作方式,开展相关合作条件或价格方面的咨询,或者按照招投标管理规定组织招标。

(3)资信调查:确定合作主体是否符合签约要求,是否具备履行合同的能力。

(4)草拟合同(协议)文本、谈判:经办部门根据项目草拟合同(协议)文本后,与合作主体进行谈判,就合同条款达成共识。

(5)审查会签:承办人填写合同送审责任表,附合同草案,连同合同立项依据、他方当事人的资信状况证明材料,送会签部门、分管领导、法律顾问、公司领导审查。

(6)签订合同:在合同文本经双方确认无误后,由双方当事人或授权代表在合同上签字,并加盖单位公章或合同专用章。

3.4.2 合同签订的注意事项

1. 合同主体适格

所谓的合同主体适格,就是合同的当事人必须符合法律要求,具备签订该合同主体资格,也就是当事人有资格签订这个合同。在这方面应注意如下问题。

(1)当事人是企业的分支机构或企业的职能部门时,应重点审查合同当事人有无企业法人的授权,是否领有营业执照。

(2)当事人对合同的标的是否有处分的权利。

(3)对不了解的当事人应进行资信调查。

(4)当事人委托代理人订立合同的,应当审查并保留代理资料。

(5)如果合同当事人以外的人在合同上签字盖章,应明确其身份,比如见证人。

2. 正确确定合同性质

《中华人民共和国合同法》(以下简称《合同法》)对十五种常用的合同作了专门规定,十五种常用的合同之外的合同,《合同法》规定:本法分则或者其他法律没有明文规定的合同,适用本法总则的规定,并可以参照本法分则或者其他法律最相类似的规定。

不同性质的合同,双方当事人的权利、义务是不同的,甚至有很大的差别。

3. 保障合同结构完整

重要的合同应当采用书面形式,一般而言,合同应具备《合同法》规定的必要条款:①当事人的名称或者姓名和住所;②标的;③数量;④质量;⑤价款或者报酬;⑥履行期限、地点和方式;⑦违约责任;⑧解决争议的方法。

当有关部门提供了合同的范本时,当事人应当尽可能使用合同范本,或参照合同的示范文本订立合同。

4. 保障合同标的是可执行的

尽管我们国家的有关法律没有规定当合同标的不可执行时合同无效,但是当合同标的不可执行时,就无法达到双方当事人订立合同的目的。

5. 权利义务尽量对等

《合同法》第五条规定:当事人应当遵循公平原则确定各方的权利和义务。所以在签订合同时应注意合同约定的双方的权利义务是否对等,如果合同约定的双方的权利义务明显不对等,应提示对方当事人,如确属对方当事人放弃自己的权利,应在合同文字中体现出来,避免将来以显失公平或有重大误解为由主张撤销合同。

6. 合同用语规范、准确

签订合同时要特别注意合同行文中用语规范、准确,基本要求就是合同中所用文字绝对不能有歧义。如果认为合同中有表达不准确、不完整的地方,要不惜文字,直到表达清楚为止。如果合同中有专业术语,应有专门的注释作为合同的附件。如果有多种语言文本,应约定当事人对合同条款的理解有争议时,以哪种语言文本为准。

7. 合同效力约定明确

《合同法》规定,当事人对合同的效力可以约定附条件。附生效条件的合同,自条件成就时生效。附解除条件的合同,自条件成就时失效。当事人对合同的效力可以约定附期限。附生效期限的合同,自期限届至时生效。附终止期限的合同,自期限届满时失效。如果合同当事人对合同生效附条件或附期限,那么所附条件或期限必须明确,避免双方对成就或期限是否到达产生争议。

8. 重大合同应设定担保

对于标的很大或对一方至关重要的合同,应当建议当事人根据《中华人民共和国担保法》及相关规定设定担保或采取相应措施,比如为标的物投保等。

9. 违约责任应细化准确

违约责任的约定是合同的重要组成部分,一旦对方违约,当事人可以以此为依据直接向对方主张权利。所以合同中的违约责任约定部分不宜只约定如一方违约,依法赔偿经济损失。

10. 注重争议条款的设定

在什么地方解决争议、以什么方式解决争议,往往关系到当事人的切身利益,所以合同中应注重争议条款的设定,国内合同主要涉及诉讼管辖和是否选择仲裁,涉外合同还应选择解决争议适用哪国法律。

【思考与练习】

3-1 简述我国工业机器人需要哪些项目需求技术资料。

3-2 简述工业机器人项目方案初步设计方法。

3-3 简述工业机器人项目经济效益分析。

3-4 简述工业机器人集成项目合同注意事项。

项目 4
工业机器人项目方案设计

项目执行阶段主要涉及项目整体管理中的指导和管理项目执行,项目质量管理中的实施质量保证,项目人力资源管理中的组建、建设、管理项目团队,项目沟通管理中的管理沟通,项目采购管理中的控制采购以及项目干系人管理中的管理干系人参与这些内容。此外,项目方案的具体设计及施工也是在这一阶段最终确定的。

◀ **学习要点**

1. 掌握工业机器人项目方案设计相关内容。
2. 掌握工业机器人项目方案审核相关内容。

◀ 4.1 初步方案设计的要点 ▶

为满足客户要求,工业机器人项目方案设计需满足以下客户要求。

1. 机械结构设计要求

(1) 机械机构设计相关要求(方便操作与易维修、强度要求、FEMA(潜在失效模式及后果分析)和验证等);

(2) 机械结构总体要求(需考虑经济、环保、安全的原则);

(3) 产品表面不能有明显的压痕和划痕。

2. 系统设计要求(主要为机器人选型要求)

(1) 品牌要求:工业机器人品牌是否指定;

(2) 产能要求:单件生产效率要求、一次性供料生产时间要求、时间稼动率要求;

(3) 负载能力;

(4) 工作范围;

(5) 定位精度/重复定位精度。

3. 隐含要求

(1) 环境要求:废气、废水等排放要求按照国家标准执行,整机不漏油,使用材料尽量要求环保;

(2) 能源要求:各动力设施设计安全余量合理(一般为 5%~25%),各用电、水、气等设备开关控制合理,减少能源消耗;

(3) 安全要求:系统的所有部件应在设计上保证系统的安全性或采取其他保护措施。

4. 明示要求

(1) 所有非连锁防护需要手动工具才能解除(不是普通的螺丝刀)。

(2) 提供合适的屏障、装置、标识等。

(3) 急停开关可无障碍接触,急停开关、连锁是否被连接成联合制动。

(4) 设备要求外表的涂漆方式及颜色;设备的任何一部分结构及部件,原则上不得采用曾经使用过的翻新产品。经过严格绿色制造的结构和部件,必须事先声明,并提供相关制造标准和精度证明。是否指定关键设备品牌;所有未约定外购机械部件、标准件均采用国际、国内知名品牌。

(5) 其他设计要求(如管路原则上用硬连接,必要时才用软连接)。

5. 潜在需求

(1) 安全防护装置:危险区域和危险位置需有主动防护系统(如红外线);所有可接触的转动或移动设备、裸露传动部件、旋转部件等均需做好防护隔离措施;防止碎片、火花、冷却液飞溅,以及防护罩脱落;设备各部件或工件之间最好具有主动防碰撞措施;脚踏开关有防误操作保护;设备用螺栓或其他方式固定在地面上。

(2) 检修平台:需高空维护部位应有登高梯和防坠落措施以及检修平台。

(3) 安全标志:危险部件和区域需用颜色区分开;适当的"危险/警告"安全标志和提醒标志要齐全。

(4) 急停装置:对于输送线,在任何位置,操作人员都应可以实现紧急停止操作;紧急按钮位置需合理,开关带锁。

6. 图纸要求

(1) 主要资料:合格证、使用说明书、安装和操作手册、维护保养手册、装箱单、外购部件说明书和合格证(含电气控制单元)。若是进口件,需提供相关中文资料。

(2) 装订要求:硬皮文件夹、A3 横向装订、A4 纵向装订。

(3) 基础部分:基础图(包含基础的技术要求)。

(4) 机械系统:总装图、部件装配图(含外购件清单和型号,电机应注明功率)、各易损零部件加工图。

(5) 液压、气动系统:系统工作原理图、元器件连接图(包含各元器件厂家、型号和数量)。

(6) 控制系统:详细电气控制原理图(主回路线路图,控制回路线路图,详细电气元件清单、型号和数量),电气元件布置图、接线图(含端子图),PLC 内置程序备份,编程手册等。

7. 进度要求

进度包括初步方案设计周期,详细方案和报价周期以及交货周期。

◀◀ 4.2 项目方案设计前期工作 ▶▶

4.2.1 客户需求分析

明确客户需求是项目可行性分析的第一步,对客户进行需求分析是为了确定客户的要求与期望,即明确项目开发的背景、原因、目标和要求。

1. 客户企业信息采集

企业信息包含公司名称、注册地、注册类型、批准设立机关、组织机构代码、证照号码、开业时间、邮政编码、电话、经营范围、所处行业、法定代表人、股东名称、税务登记证号、核算方式、从业人数等。这些信息都可以在国家企业信用信息公示系统中查询。如图 4-1、图 4-2 所示为国家企业信用信息公示系统。

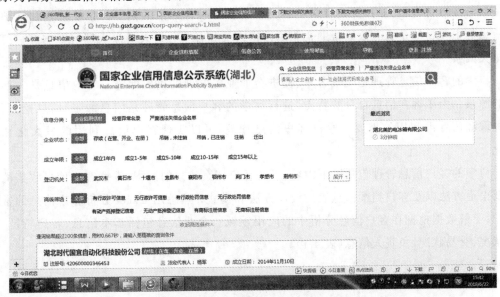

图 4-1 国家企业信用信息公示系统 1

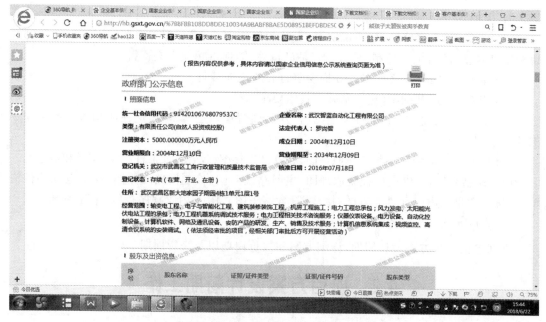

图 4-2　国家企业信用信息公示系统 2

客户信息(customer information)是指客户喜好、客户细分、客户需求、客户联系方式等一些关于客户的基本资料。客户信息主要分为描述类、行为类和关联类三大类。下面将简单介绍这三种客户信息的特点。客户的描述类信息主要是用来理解客户的基本属性的信息,如个人客户的联系信息、地理信息和人口统计信息,企业客户的社会经济统计信息等。这类信息主要来自客户的登记信息,以及通过企业的运营管理系统收集到的客户基本信息。客户的行为类信息一般包括客户购买服务或产品的记录、客户的服务或产品的消费记录、客户与企业的联络记录,以及客户的消费行为、客户偏好和生活方式等信息。客户的关联类信息是指与客户行为相关的,反映和影响客户行为和心理等因素的信息。企业建立和维护这类信息的主要目的是更有效地帮助企业的营销人员和客户分析人员深入理解影响客户行为的相关因素。

科学的客户信息管理是凝聚客户、促进企业业务发展的重要保障。客户信息是一切交易的源泉。由于客户信息自身的特点,进行科学的客户信息管理是信息加工、信息挖掘、信息提取和信息再利用的需要。通过客户信息管理,可以实现客户信息利用的最大化和最优化。

科学的客户信息管理包括以下内容:了解客户档案建立的流程;掌握客户信息收集的内容及渠道方法以及客户档案信息表的设计方法和模式;熟悉用 Excel 分析客户信息的常用操作;了解数据挖掘在客户信息分析中的应用领域。企业信息包括基本信息、客户特征、业务状况、交易状况、负责人信息(表 4-1)。

表 4-1　企业信息表

企业名称					
企业地址				成立时间	
企业性质				网址	
传真				电话	
联系邮箱				商标注册时间	
企业负责人		职务		手机	
企业联系人		职务		手机	
主要产品			产品市场		

2. 客户项目立项信息采集

项目开发信息采集有助于明确项目开发背景和项目开发目标,工业机器人集成项目开发信息采集以客户端项目立项申请书为依据,主要包括项目开发背景、项目开发的重要性和必要性以及项目开发预期目标。

1）项目开发背景

针对一个工业机器人集成项目,项目开发背景主要为项目提出的具体原因:

（1）工作环境差,作业强度大,招工难,用工成本逐年增加;

（2）加工设备安全系数较低;

（3）由于操作工人日常情绪变化以及技术熟练程度的不同,很难保持一致的产品品质,从而降低产品质量,增加成本,吞噬利润。

基于以上原因,客户需要用机器人替代人工,实现自动化生产。

2）项目开发的重要性和必要性

建设工业机器人集成项目对企业、本市和国家有重要的意义。工业机器人集成项目的主要内容是通过自动机构和控制系统,使用机器人代替人工作业,提高产品质量和产量的同时,降低人工成本,有利于扩大再生产。

（1）生产效率高:为了提高生产效率,必须控制生产节拍。除了固定的生产加工节拍无法提高外,自动上下料机器人取代了人工操作,这样就可以很好地控制节拍,避免了由于人为因素而对生产节拍产生影响,大大提高了生产效率。

（2）工艺修改灵活:可以通过修改程序和手爪夹具,迅速地改变生产工艺,调试速度快,免去了对人工进行培训的时间,快速就可投产,提高效率。

（3）提高工件出厂质量:上下料机器人自动化生产线,从上料、装卡、下料完全由机器人完成,减少了中间环节,零件质量大大提高,特别是工件表面更美观。

3）项目开发预期目标

（1）生产效率提升目标;

（2）人力成本节省目标;

（3）品质提升目标（即产品良率目标）;

（4）材料成本节省目标;

（5）整机开发成本回收周期目标。

4.2.2　工业机器人项目客户技术交流

为了明确项目工作范围,在工业机器人集成项目管理规划阶段,需要反复地跟客户进行深入的技术交流,对项目的目标进行量化和细化。客户技术交流包括广义的项目交流、自动设备开发交流、电气控制系统交流、信息化系统交流等。交流的手段包括录音、笔记和录像等。

4.2.2.1　广义的项目交流

从投资者的角度来看,在一个以盈利为目的的企业中,成功的产品开发可以使产品的生产、销售实现盈利,但是盈利能力往往难以直接地评估。通常,可从五个具体的维度(它们最终都与利润相关)来评估产品开发的绩效。

(1) 产品质量(product quality):开发出的产品有哪些优良特性? 它能否满足顾客的需求? 它的稳健性(robustness)和可靠性如何? 产品质量最终反映在其市场份额和顾客愿意支付的价格上。

(2) 产品成本(product cost):产品的制造成本是多少? 该成本包括固定设备和工艺装备费用,以及为生产每一单位产品所增加的边际成本。产品成本决定了企业以特定的销售量和销售价格所能够获得的利润的多与少。

(3) 开发时间(development time):团队能够以多快的速度完成产品开发工作? 开发时间决定了企业如何对外部竞争和技术发展做出响应,以及企业能够多快从团队的努力中获得经济回报。

(4) 开发成本(development cost):企业在产品开发活动中需要多少费用? 通常,在为获得利润而进行的所有投资中,开发成本占有可观的比重。

(5) 开发能力(development capability):根据以往的产品开发项目经验,团队和企业能够更好地开发未来的产品吗? 开发能力是企业的一项重要资产,它使企业可以在未来更高效、更经济地开发新产品。

在这五个维度上的良好表现将最终为企业带来经济上的成功。其他方面的性能标准也很重要。这些标准源自企业中其他利益相关者(包括开发团队的成员、其他员工和制造产品所在的社区)的利益。开发团队的成员可能会对开发一个新、奇、特的产品感兴趣。制造产品所在社区的成员可能更关注该产品所创造的就业机会的多少。生产工人和产品使用者都认为开发团队应使产品有高的安全性,而不管这些标准对于获得基本的利润是否合理。其他与企业或产品没有直接关系的人可能会从生态的角度要求产品合理利用资源并产生最少的危险废弃物。

下面一些要点有助于与顾客有效交流。

(1) 顺其自然:只要客户提供有用的信息,就不用担心其是否符合访谈指导。访谈的目标是收集有关顾客需求方面的重要数据,而非在分配的时间内完成访谈指南中的任务。收集现有产品和竞争对手的产品,甚至那些与待开发产品仅有少许联系的产品,并将它们带到访谈中。在部分访谈结束时,访谈者甚至可以展示一些初步的产品概念,以获得顾客对各种技术路径的早期反应。

(2) 抑制对有关产品技术的先入为主的假设:顾客通常就他们期望能够满足他们需求

的产品概念做出假设。在这种情况下,访谈者在讨论如何设计或制造产品的假设时,应避免偏见。当顾客提起具体的技术或产品特征时,访谈者应该思考顾客认为的这些特征将满足哪些基础需求。

(3)让顾客演示产品和与产品相联系的典型任务:如果在使用环境中进行访谈,演示通常比较方便,并可以揭示出新的信息。

(4)要关注出乎预料的事情和潜在需求的表达:如果顾客提到令人吃惊的事,要用连续的问题追问其原因。通常,一个意想不到的问题会揭示潜在的需求,它们反映了那些没有被满足及没有被清晰阐述和理解的顾客需求。

(5)注意非语言信息:本小节描述的流程旨在开发更好的有形产品。但是,语言并不总是沟通与有形世界相关需求的最好途径。对于含有人文因素需求(如舒适想象或风格)的产品,这一点尤其重要。开发团队必须时刻注意顾客所提供的非语言信息,如他们的面部表情如何、他们怎样掌握竞争对手的产品。

4.2.2.2　自动设备开发交流

1. 设备开发类别交流

自动机械是面向各种行业的,每一种行业的产品生产制造都有它特殊的工艺方法与要求,因此自动机械是根据各种行业、各种产品的具体工艺要求专门量身定做的。自动机械在形式上多种多样,这是自动机械与通用机械设备(例如机床类机加工设备)的最大区别。虽然自动机械是千差万别的,但各种产品的制造过程是按一系列的工序、次序对各种基本生产工艺进行集成来完成的。工程实践表明,虽然不同产品的制造工艺流程差别较大,但同一工艺方法在很多不同(或相近)的行业中却基本相似或相同,因而这些针对某一工艺方法的自动机械也具有相同或相似的特征。

1)自动化机械加工设备

机械加工是一个传统的制造行业,在制造业中占有非常重要的地位,无论是机器设备还是小的金属零件、部件等,都离不开机械加工和机械加工设备,因此它属于基础性的生产装备。最常用的机械加工设备包括各种机床冲压设备、焊接设备、塑料加工设备、激光切割设备等,上述设备都可以实现全自动化或部分自动化。

2)自动化装配设备

装配是相当多产品的整个制造过程中的核心环节,例如,家用电子、电器产品的制造过程中主要的前工序为零件加工(机械加工、冲压、注塑、压铸等)、零件表面处理(清洗、干燥、电镀喷涂等),最后进入后工序装配阶段,装配自动化是制造自动化的核心内容。

装配就是将各种不同的零件按特定的工艺要求组合成特定的部件,使各种零件、组件、部件具有规定的质量精度与相互位置关系,并经过调试、检验使之成为合格产品的过程。大部分的装配内容都是各种各样的零部件之间的连接,所以各种连接方法是装配工艺的重要内容。在工程上大量采用的装配连接方式主要有螺钉螺母连接、铆接、焊接、胶水粘接及弹性连接。

上述装配连接方式都可以实现自动化操作,而且每一种装配方式都已经形成了一些经过工程实践长期验证、非常成熟的标准自动化构。自动化装配设备既大量采用自动化专机的形式,也经常与其他自动化专机一起组成自动化装配生产线。

3）自动化检测设备

在许多产品的装配工序中或装配工序后，需要对各种工艺参数进行检测和控制，这些检测通常都是由机器自动完成的。最常见的检测主要为尺寸检测、质量检测、体积检测、力检测、温度检测、时间检测、压力检测、电气参数检测、零件（产品）的计数及零件（产品）分类与剔除。

上述每一种参数的检测都有专门的检测方法、工具、传感器、机构等，这些内容也是相关自动机械的核心部分，熟悉了上述各种参数的检测方法与检测机构后，读者就可以在各种各样的其他类似场合直接模仿应用。自动化检测设备既可以采用单机的形式，也经常与自动化装配专机一起组成各种自动化装配检测生产线。

4）自动化包装设备

包装通常是各种产品生产过程中的最后环节，因此，包装是一个通用性非常强的工序。在工程上，包装不仅仅指将产品用包装盒或包装箱装起来，还有大量的相关工序，已经形成了一个相当大的自动化包装设备产业。以下为包装的部分要素。

（1）材料。最典型的包装工序包括塑料袋包装、纸盒包装、瓶包装等，相关的包装设备还与被包装制品的材料、形状有关，例如液体类、颗粒类、状类等，一般还同时包括计数与输送等工序。这些材料的包装已经形成了各种标准化的自动包装机械。同一类型的设备之间具有很强的相似性，在设计时可以相互借鉴设计方案。

（2）标示。在产品的制造过程中及制造完成后，通常都必须进行专门的标示，印上或贴上各种各样的标签，以标记商标、产品名称、生产序列号、型号规格、生产日期、公司名称等，也大量采用专门的条码，这些工序都已经有专门的方法与设备，部分制造商专门从事此类自动化设备的生产制造。主要的标示方法有金属压印、条码打标、贴标、喷码、激光打标及印刷等。

2．设备机构功能交流

1）工件的输送及自动上下料系统

工件或产品的移送处理是自动化装配的第一个环节，包括自动输送、自动上料、自动卸料动作，替代人工装配场合的搬运及人工上下料动作，该部分是自动化专机或生产线不可缺少的基本部分，也是自动机械设计的基本内容。其中自动输送通常应用在生产线上，实现各专机之间物料的自动传送。

（1）输送系统。

输送系统包括小型的输送装置及大型的输送线，其中小型的输送装置一般用于自动化专机，大型的输送线则用于自动化生产线，在人工装配流水线上也大量应用了各种输送系统。没有输送线，自动化生产线也就无法实现。

根据结构类型的区别，最基本的输送线有皮带输送线、链条输送线、滚筒输送线等；根据输送线运行方式的区别，输送线可以按连续输送、断续输送、定速输送、变速输送等不同的方式运行。

（2）自动上下料系统。

自动上下料系统是指自动化专机在工序操作前与工序操作后专门用于自动上料、自动卸料的机构。在自动化专机上，要完成整个工序动作，首先必须将工件移送到操作位置或定位夹具上，待工序操作完成后，还需要将完成工序操作后的工件或产品卸下来，准备进行下一个工作循环。

自动机械中最典型的上料机构主要有以下几种：①机械手，利用工件自重的上料装置（如料仓式送料装置、料斗式送料装置）；②振盘；③步进送料装置；④输送线（如皮带输送线、链条输送线、滚筒输送线等）。

卸料机构通常比上料机构更简单，最常用的卸料机构或方法主要有以下几种：①机械手；②气动推料机构；③压缩空气喷嘴。

气动推料机构就是采用气缸将完成工序操作后的工件推出定位夹具，使工件在重力的作用下直接落入或通过倾斜的滑槽自动滑入下方的物料框内。对于质量特别小的工件，经常采用压缩空气喷嘴直接将工件吹落掉入下方的物料框内。

2）辅助机构

在各种自动化加工、装配、检测、包装等工序的操作过程中，除自动上下料机构外，还经常需要以下机构或装置。

（1）定位夹具。工件必须位于确定的位置，这样对工件的工序操作才能实现需要的精度，因此需要专用的定位夹具。

（2）夹紧机构。在加工或装配过程中工件会受到各种操作附加力的作用，为了使工件的状态保持固定，需要对工件进行可靠的夹紧，因此需要各种自动夹紧机构。

（3）换向机构。工件必须处于确定的姿态方向，该姿态方向经常需要在自动化生产线上的不同专机之间进行改变，因此需要设计专门的换向机构在工序操作之前改变工件的姿态方向。

（4）分料机构。机械手在抓取工件时必须为机械手末端的气动手指留出足够的空间，以方便机械手的抓取动作，如果工件（例如矩形工件）在输送线上连续紧密排列，机械手可能因为没有足够的空间而无法抓取，因此需要将连续排列的工件逐件分隔开来。例如螺钉自动化装配机构中，每次只能放一个螺钉，因此需要采用实现上述分隔功能的各种分料机构。

上述机构分别完成工件的定位、夹紧、换向、分隔等辅助操作，由于这些机构一般不属于自动机械的核心机构，所以通常将其统称为辅助机构。

3）执行机构

任何自动机械都是为完成特定的加工、装配、检测等生产工序而设计的，机器的核心功能也就是按具体的工艺参数完成上述生产工序。通常将完成机器上述核心功能的机构统称为执行机构，它们通常是自动机械的核心部分。例如自动机床上的刀具、自动焊接设备上的焊枪、螺钉自动装配设备中的气动螺丝刀、自动灌装设备中的灌装阀、自动铆接设备中的铆接刀具、自动涂胶设备中的胶枪等，都属于机器的执行机构。

显然，熟悉并熟练掌握上述执行机构的选型方法是熟练从事自动机械设计的重要内容。这些执行机构都用于特定的工艺场合，掌握这些执行机构的选型方法离不开对相关工艺知识的了解，因此，自动机械是自动结构与工艺技术的高度集成，从事自动机械设计的人员既要熟悉各种自动机构，同时还要在制造工艺方面具有丰富的经验。

自动机械形式多样，但因为这种原因，只能根据有的实例去分析它的设计方法，本教材中的工序操作泛指各种加工、装配、检测、包装、标示等工序内容，而工件则泛指各种零件、部件、半成品、成品等操作对象。

4）驱动及传动部件

（1）驱动部件。

任何自动机械最终都需要通过一定机构的运动来实现要求的功能，不管是自动上下料机构还是执行机构，都需要驱动部件并消耗能量。自动机械最基本的驱动部件主要有由压缩空气驱动的气动执行元件（气缸、气动马达、气动手指、真空吸盘等）、由液压系统驱动的液压缸、各种执行电机（普通感应电机、步进电机、变频电机、伺服电机、直线电机等）。

在自动机械中，气动执行元件是最简单的驱动方式，由于它具有成本低廉、使用维护简单等特点，在自动机械中得到了广泛的应用。在电子制造、轻工、食品、饮料、医药、电器、仪表、五金等制造行业中，主要采用气动驱动方式。液压系统主要用于需要输出力较大、工作稳的行业，如建筑机械、矿山设备、铸造设备、注塑机、机床等行业。除气动执行元件外，电机也是重要的驱动部件，大量应用于各种行业。在自动机械中，气动执行元件广泛应用于输送线、间隙回转分度器、连续回工作台、电动缸、各种精密调整机构、伺服驱动机械手、精密 X-Y工作台、机器人、数控机床的进给系统等场合。

（2）传动部件。

气缸、液压缸可以直接驱动负载进行直线运动或摆动，但在电机驱动的场合则一般都需要相应的传动系统来实现电机扭矩的传递。自动机械中除采用传统的齿轮传动外，大量采用同步带传动和链条传动。因为同步带传动与链条传动具有价格低廉、采购方便、装配调整方便、互换性强等优势，目前已经是各种自动机械中普遍采用的传动方式，如输送系统、提升装置、机器人、机械手等。

5）控制系统

根据设备的控制原理，目前自动机械的控制系统主要有以下几种类型。

（1）纯气动控制系统和纯机械式控制系统。

在大量采用气动元件的自动机械中，在少数情况下控制气缸换向的各种方向控制阀全部采用气动控制阀，这就是纯气动控制系统。还有一些场合各种机构的运动是通过纯机械的方式来控制的，例如凸轮机构，这些都属于纯机械式控制系统。

（2）电气控制系统。

电气控制系统是指控制气缸运动方向的电磁换向阀由继电器或 PLC（平面光波导（技术））来控制，在今天的制造业中，PLC 已经成为各种自动化专机及自动化生产线最基本的控制系统，结合各种传感器，通过 PLC 控制器使各种机构的动作按特定的工艺要求及动作流程进行循环工作。电气控制系统与机械结构系统是自动机械设计及制造过程中两个密切相关的部分，需要将其连接成一个有机的系统，除控制元件外，还需要配套使用各种开关及传感器。在自动机械的许多位置都需要对工件的有无、工件的类别、执行机构的位置与状态等进行检测确认，这些检测确认信号都是控制系统向相关的执行机构发出操作指令的条件，当传感器确认上述条件不具备时，机构就不会进行下一步的动作。需要采用传感器的场合有以下几种：①气缸活塞位置的确认；②工件暂存位置确认是否存在工件；③机械手抓取机构上工件的确认；④装配位置定位夹具内工件的确认。

4.2.2.3 电气控制系统交流

1. 电气系统设计常识

（1）设备动作步骤为 4 步以上（包括 4 步），必须采用 PLC 控制。PLC 与现场总线模块组成现场总线形式的网络，现场各传感器的信号通过安装在设备现场的总线模块反馈给PLC，PLC 经过逻辑运算完成对执行元件（气缸、电机等）的控制，达到自动、精确控制的目的，满足生产与工艺要求。

（2）设备总的动作步骤在 6 步以上（包括 6 步），需配置人机界面。

（3）对于独立的工装和设备、动作要求简单的电气控制系统，例如，仅需要实现电机正反转控制等的系统，不需要采用 PLC 控制（需经业主方确认）。

（4）为了方便安装，缩短现场安装时间，要求设计电路时应尽可能沿工装或输送设备的骨架布置线路，尽可能使用活动对插接头。

（5）为保证人身安全，机器人单元采用安全回路，安全回路原则上采用 24 V 安全电压。

（6）对于传感器、电磁开关的固定，要求首次安装调试完毕后在固定支架处做好标记，以便以后维修更换方便、位置准确。

2. 电机未过载保护措施

（1）电气控制系统及元件能够适应工厂电网上正常的电压波动和脉冲干扰，如有必要，则需加入滤波环节，这需要获得业主的同意；

（2）在电压干扰和掉电之后，被中断的程序必须能够重新启动运行；

（3）电源系统的一相或两相掉电时，所有设备电源必须随之自动断开，如有必要，则需加入带缺相保护功能的断路器，这需要获得业主的同意；

（4）在电源断电或设备急停时，为了避免设备损坏或人身受到伤害，不允许设备的任何运动执行部件还有任何运动；

（5）电压下降到一定值时，设备自动停止运转，以免在有电压干扰的情况下，引起继电器释放造成受控制序列失控而损坏设备。

3. 电机过载情况下的保护

（1）必须采用过载保护装置，而且要防止它自动再次接通，严禁自动复位；

（2）三相电机的电流过载保护器必须分别安装在三相线路上；

（3）为了保护维修人员的安全，电机现场应有二级断路器，断路器的辅助触点需反馈到PLC，并有准确的报警指示。

4. 互锁保护

（1）存在前后动作逻辑关系的各应用单元间必须具有可靠的机械互锁与程序互锁的关系，前后不能产生误操作，以免发生危险；

（2）无论自动或手动方式，各应用单元内部的前后动作顺序也应有互锁。

5. 柜内设计交流

（1）控制柜内预留 20% 的空间。

（2）PLC 的 I/O 接点预留 20%，且不得重复使用。

（3）变压器与 PLC 电源模块进线端电路需有适当的保护（串联额定容量的保险丝或断

路器);各分支线路(包括 PLC 输入/输出模块的电源供给)必须安装额定容量的断路器。在设计时,使用安全继电器等安全等级比较高的电气元件,来对控制线路进行检测与保护。

(4) 一次侧装漏电断路器。

(5) 每一个驱动电机需设过载保护,超过 3 kW 的电机过载保护需采用 3E RELAY 或经过现场业主同意配备变频器。

(6) 所有的控制输出(除信号灯以外),必须采用中间继电器进行信号放大后输出,不宜由 PLC 直接输出控制。

(7) 设计电路时,要保证各分支电路能源尽量平衡分配,控制柜内部电气元件分布合理。

(8) 变压器等端子盖需加透明保护外盖。

(9) 控制柜内部电气元件以使用标准导轨(加止挡装置)为主,以便于维修。

(10) 控制柜内需设 2 组插座(二孔和三孔),容量为 220 V、15 A、1 P。

(11) 配线端子座采用一层式规划,内外控制线,PLC 端子,各预留线均分别配入控制柜、接线盒、操作箱的端子站再转换各元件。

(12) 控制柜内配线,元件的配置距离地面高 200 mm 以上(若有架台则含架台高,但元件距离柜底不得低于 100 mm),侧边、底面不得配置(除散热风扇外),各元件配置不得相互重叠。

(13) 除控制柜内配线可配散线外,连接至控制柜外的配线均采用多芯电缆线配置。

(14) 配线完成后端子站预留 20% 的接点数。

(15) 控制柜内元件按顺序排列并达到使用要求,图纸设计完成后需由业主认可。

6. 通信内容交流

PLC 系统应支持工业以太网的通信方式,以实现开放的、可靠的数据通信,根据车间工业现场的应用要求,PLC 系统应选择工业以太网或现场总线来实现与车间不同层次设备进行通信。单根以太网网络电缆长度不得超过 90 m。

对于稳定性要求极高的信息应该采用硬接线的方式通信。以下通信方式在具体的项目中,需得到业主的确认。

(1) PLC 与 HMI:PLC 与 HMI 之间的通信应该保证 PLC 与 HMI 之间数据的实时传输。

(2) PLC 与上层信息系统:PLC 与上层信息系统之间应该采用工业以太网方式进行,这其中包括对 PLC 进行编程组态的工程师站,上位机监控系统(服务器或单机),上层数据采集系统等所有需要与 PLC 进行数据交互的 PC 机,要有利于 PLC 的编程组态并保证数据交互的实时性与稳定性。

(3) PLC 与工业机器人:PLC 与工业机器人之间的通信采用 ProfiNET、Profibus DP、CC-LINK、Ethernet/IP 等方式进行。

(4) 机器人与外围设备通信:通过 AB(Devicenet)siemens(profibus、profinet)通信。

(5) PLC 与现场 IO:PLC 与现场分布式 IO 之间的通信采用 AB(Devicenet)siemens(profibus、profinet)方式进行,这其中包括机柜安装(IP20 防护等级)和现场安装(IP67 防护等级)的 IO 产品,要求实现与现场分布式 IO 的高效率高质量通信。

(6) PLC 与现场传动装置:PLC 与现场传动设备之间的通信采用 AB(Devicenet)

siemens(profibus、profinet)方式进行,这其中包括变频器和软启动器,要求实现与现场传动装置的高效率高质量通信。

(7) PLC与现场检测开关通信:PLC与布在夹具或者设备上的总线模块通过AB(Devicenet)siemens(profibus、profinet),总线模块与检测开关通过标准接头连接,采用点对点通信方式。

(8) PLC与现场其他设备:PLC与现场其他设备之间的通信建议采用AB(Devicenet)siemens(profibus、profinet)方式进行,如不能支持以上几种通信方式,则应该使用硬接线连接,并获得用户的同意。

4.2.2.4 信息化系统交流

企业信息化(enterprises informatization)实质上是将企业的生产过程、物料移动、事务处理、现金流动、客户交互等业务过程数字化,通过各种信息系统网络加工生成新的信息资源,提供给各层次的人员,使其洞悉、观察各类动态业务中的一切信息,以做出有利于生产要素组合优化的决策,使企业资源合理配置,以使企业能适应瞬息万变的市场经济竞争环境,取得最大的经济效益。

目前应用的企业信息化管理系统主要有以下几种:①制造执行系统;②生产设备及工位智能化联网管理系统;③生产数据及设备状态信息采集分析管理系统;④制造过程数据文档管理系统;⑤工装及刀夹量具智能数据库管理系统。

MES(manufacturing execution system)即企业的制造执行系统,是一套面向制造企业车间执行层的生产信息化管理系统。MES可以为企业提供制造数据管理、计划排产管理、生产调度管理、库存管理、质量管理、人力资源管理、工作中心/设备管理、工具工装管理、采购管理、成本管理、项目看板管理、生产过程控制、底层数据集成分析、上层数据集成分解等管理模块,为企业打造一个扎实、可靠、全面、可行的制造协同管理平台。MES系统应用分类如下。

(1) 专用的MES(point MES)。它主要是针对某个特定领域的问题而开发的系统,如车间维护、生产监控、有限能力调度或是SCADA等。

(2) 集成的MES(integrated MES)。该类系统起初是针对一个特定的、规范化的环境而设计的,如今已拓展到许多领域,如航空、装配、半导体、食品和卫生等行业,在功能上它已实现了与上层事务处理系统和下层实时控制系统的集成。

MES系统的常见功能如下。

① 现场管理细度:原有企业生产管理由按天为单位变为按分钟、秒为单位进行数据管理。

② 现场数据采集:由工作人员手工录入变为扫描式采集,实现数据的快速准确采集。

③ 电子看板管理:由人工统计发布生产数据,变为电子看板管理,并自动采集、自动发布。

④ 仓库物料存放:由于物料种类繁多,数量大,无法实现物料精准化管理,比较模糊、杂散。通过透明化管理,规整了物料管理流程。

⑤ 生产任务分配:人工生产任务分配变为自动化分配,根据生产计划调节产能平衡。

⑥ 仓库管理:人工、数据滞后变为MES系统指导,及时、准确、合理规划物料的生产

使用。

⑦ 责任追溯:生产过程追溯困难、模糊变为清晰、正确。

⑧ 绩效统计评估:残缺的数据预估通过 MES 系统实现了精确采集,变为凭准确数据分析。

⑨ 统计分析:MES 系统前期的大量数据采集实现了按不同时间、机种、生产线等多角度,为后期统计、对比、分析提供了数据基础。

MDC(manufacturing data collection and status management)是一套用来实时采集,并报表化和图表化车间的详细制造数据和过程的软硬件解决方案。

1. 强大的生产数据采集

从简单的开关机到复杂的模拟量和字符串,制造数据涵盖车间现场需求的各个方面。MDC 通过多样化的数据采集手段,让数据的获取拥有最大的可能。

MDC 通过与数控系统、PLC 系统以及机床电控部分的集成,实现对机床数据采集部分的自动化执行,不需要操作人员手动操作,这样既保证了数据的实时性,也减少了人工操作产生的失误,保证数据的真实性和准确性。

2. 实时、透明、可视化的设备监控

MDC 设备运行状态报告,可以显示出当前每台设备的运行状态,包括是否空闲、空闲时间是多少、是否加工中、加工时间是多少、状态设置如何、正在运行中还是出故障了。设备综合利用率 OEE 报表,能够准确清楚地分析设备效率如何,在生产的哪个环节有多少损失,以及可以进行哪些改善工作。直观、阵列式、色块化的设备实时状态跟踪看板,将生产现场的设备状况第一时间传达给相应的使用者。企业通过对工厂设备状态的实时了解,可以实现即时、高效、准确的精细化设备管理。

3. 专业化、客户化数据处理

针对离散型加工业的特点,MDC 在采集数据的数据挖掘方面,提供更为专业化的分析和处理。客户化的数据处理和丰富的图形报表展示功能,涵盖了车间应用的各个方面,并对设备和生产相关的关键数据进行统计和分析,如开机率、主轴运转率、主轴负载率、NC 运行率、故障率、设备综合利用率、设备生产率、零部件合格率、质量百分比等。

4. 企业信息化建设

(1) 利用 DNC 技术提升车间网络化能力。

随着信息化时代制造环境的变化,需要建立一种面向市场需求且具有快速响应机制的网络化制造模式。数控机床成为现代加工车间普遍使用的设备,构建网络化数控车间生产现场的信息数据交换平台尤为重要。盖勒普 DNC(distributed numeric control)作为一种实现数控车间信息集成和设备集成的管理系统,可以实现车间制造设备的集中控制管理以及制造设备与上层计算机之间的信息交换,彻底改变以前数控设备的单机通信方式,帮助企业进行设备资源优化配置和重组,大幅提高设备的利用率。

(2) 利用 MDC 技术提高车间透明化能力。

在制造企业数字化车间的方案设计中,SFC 底层数据管理对企业车间信息化平台的支撑是必不可少的。对于已经具备 ERP/MRPⅡ/MES/PDM 等上层管理系统的企业来说,迫切需要实时了解车间底层详细的设备状态信息,而盖勒普 MDC 是绝佳的选择。MDC(manufacturing data collection)是一套用来实时采集,并报表化和图表化车间生产过程详细制造数据的软硬件解决方案,25000 多种标准 ISO 报告和图表直观反映当前或过去某段时间的加工状态,使企业对车间的设备状况和加工信息一目了然。管理人员不用离开办公桌,就能查看整个部门或指定设备的状态,便于对车间生产及时做出可靠、准确的决策。

(3) 利用 PDM 技术提升车间无纸化能力。

当制造业与 PDM(product data management)有机结合在一起时,就能通过计算机网络和数据库技术,把车间生产过程中所有与生产相关的信息和过程集成起来统一管理,为工程技术人员提供一个协同工作的环境,实现作业指导的创建、维护和无纸化浏览,将生产数据文档电子化管理,避免或减少基于纸质文档的人工传递及流转,保障工艺文档的准确性和安全性,快速指导生产,达到标准化作业。盖勒普 PDM 已经成为数字化车间不可缺少的重要工具,并成为提升企业竞争力的重要手段。

(4) 利用 MES 技术提升车间精细化能力。

在精细化管理时代,细节决定成败。MES 系统越来越受到企业的重视是因为企业越来越趋于精细化管理,越来越重视细节、科学量化。MES 通过条码技术跟踪车间从物料投产到成品入库的整个生产流程,实时记录并监控生产工序和加工任务完成情况、人员工作效率、劳动生产率、设备利用情况、产品合格率、废品率等。通过生产数据的集成和分析,及时发现执行过程中的问题并进行生产改善。盖勒普 MES 帮助企业实现统一管理、统一运维的智能化制造,并通过进一步完善车间的管理体系,支撑企业精细化管理。

4.2.2.5 交流的手段和方法

归档整理与顾客互动通常用到四种交流方法。

1. 录音

交流时对访谈内容进行录音非常容易,但将录音转换成文本是非常耗时的,雇人来做这件事可能费用昂贵,而且录音也会有使某些顾客产生恐惧感的弊端。

2. 笔记

手写笔记是记录访谈中最常见的方式。指定人作为主要的记录者可以让其他人专注于有效的提问,记录者应努力抓住每个顾客陈述的每句话及重点。如果在访谈后立即对这些记录进行整理,就可以产生一个与实际非常接近的访谈描述,这样有助于在访谈者之间分享观点。

3. 录像

录像经常用于记录焦点小组的会谈,它也可以用于记录观察产品使用环境的顾客和使用现有产品的顾客。录像可让团队新成员"跟上速度",也可作为原始资料提供给高层管理者。录像从多个视角反映出顾客行动,这通常有助于识别潜在的顾客需求。同时,录像对捕获最终用户环境的许多方面也是有用的。

4. 拍照

制作照片提供了许多与录像一样的好处,但拍照通常有更少的干扰,因此更容易实现对顾客、对现场的观察。拍照的其他优点有:易于展示、视觉质量高和设备可利用。

数据收集阶段的最终结果是一组原始数据,通常以顾客陈述(customer statements)的形式表现,但通常辅以录像或照片。采用表格的数据模板对于组织这些原始数据非常有用,

表 4-2 就是这种模板的例子。我们建议与顾客互动以及被其他开发团队成员编辑后,应尽快地填写表格。

模板主体部分中的第一栏是引出顾客数据的问题或提示;第二栏是顾客做出的语言陈述或对顾客行为的观察(从录像观察或直接观察);第三栏包含原始数据中隐含的顾客需求。

应该重视调查那些可以识别潜在需求的线索,这些线索可能以幽默的语言、不太严肃的建议、恼怒或对使用环境的观察和描述等形式表达出来。如表 4-2 所示为客户需求调查表,惊叹号(!)用于标记潜在的需求。

表 4-2 客户需求调查表

顾客:		访谈者:
地址:		日期:
电话:		目前使用工具:
是否愿意跟踪调查:		用户类型:

问题/提示	顾客陈述	需求
典型用途	我需要快速拧螺丝,比手工快	用 SD(螺丝刀套装)拧螺丝比手工快
	我有时做管道工作,使用钣金螺丝	SD 能把钣金螺丝拧入金属管道
	许多电器;开关、插座、电扇、厨房	用 SD 可以拧电器设备螺丝
目前工具的优点	我喜欢手枪式的把手,它感觉最好	SD 的把手握起来很舒适
	我喜欢电磁化的刀嘴	SD 的刀嘴使螺丝在被拧出来之前保持在起子上
目前工具的缺点	当刀嘴将螺丝滑落时,我感到比较烦	SD 可以与螺丝头对齐而不滑落
	我希望能够锁定它,这样我就可以在电池没电时也用它拧螺丝	用户可以手动施加扭矩来拧螺丝(!)
	不能将螺丝拧入硬木	SD 可以将螺丝拧进坚硬木材中
	有时我会把螺丝钉拧脱扣	SD 不会损伤螺丝头
改进建议	加一个附件,可以伸到细孔中	SD 可以抵达深而窄的孔中
	要有一个尖,我可以用它剥掉螺丝上的污物	SD 可以用尖剥掉螺丝上的污物
	如果它可以打样冲窝该多好呀	SD 可以打样冲窝(!)

4.2.3 项目现场信息采集

在明确了项目开发的背景、原因、目的和要求之后,为了后续项目方案的初步设计,还需进一步进行项目现场信息采集,主要包括产品产能分析、装备布局方式、生产环境、自动化分析、生产工艺分析和产品来料方式等。

4.2.3.1 产品产能分析

生产运作能力是保证一个企业未来长期发展和成功的核心所在。一个企业所拥有的生产运作能力过大或过小都是很不利的。能力过大,导致设备闲置,人员富余,资金浪费;能力过小,又会失去很多机会。因此,必须对生产运作能力的现状有确切的了解,对未来的生产运作能力有周密的预行计划。生产运作能力计划将成为制订企业年度生产运作计划的重要依据之一。通过对现有能力的掌握,可以及时发现生产运作中的薄弱环节和富余环节,以便挖掘潜力,提高企业生产运作的经济效益。产能计划还可为企业制定设施建设规划提供必要的资料,从而使基本建设投资费用得到更为合理有效的运用。

制造企业产品的组装作业大多是流程作业。流程作业是以一定的速度生产产品部件,从提高生产效率方面看,是非常好的生产方式。

在流程作业方式中,涉及各生产线人员的技能、作业时间、排列、人员分配等问题,因此出现了产能瓶颈工序。

1)生产线平衡

生产线平衡是指构成生产线各道工序所需的时间处于平衡,作业人员的作业时间尽可能保持一致,从而消除各道工序的时间浪费,进而使得生产线的平衡。

2)生产线平衡分析的方向

把握各工序的作业时间,分析各工序整体时间的平衡度,加强改善作业时间长的瓶颈工序。

3)生产线产能平衡的分析目的

①缩短生产一个产品的组装时间(增加单位时间的生产量);②提高生产线的效率(包括作业人员、设备);③减少工序间的准备工作;④改善生产线的平衡;⑤对新的流程作业方式改善制造方法。

4)生产线平衡率的计算方法

生产线平衡率可按下式计算:

$$生产线平衡率 = \frac{各工序净时间的总和}{最长的工序作业时间 \times 工作站数(或操作人数)} \times 100\%$$

5)生产线平衡的改善原则

(1)削平时间长的瓶颈工序的"山峰"。

① 分割作业,把一部分作业分配到时间短的工序中去做。

② 进行作业改善,缩短作业时间。

③ 作业机械化,提高机械产能。

④ 增加作业人员,提高生产线产能效率。

⑤ 替换技能水平更高的作业人员。

(2)对时间短的工序的改善方法。

① 分割一部分作业,把它分配到其他时间短的工序中去,省略那一部分工序。

② 从其他作业时间长的工序中拿一部分作业过来,平衡生产线产能。

③ 与其他时间短的工序结合。

④ 分配两个人以上的工序,尽量让一个人去做。

如表 4-3 所示为木工课酒柜产能分析。

表 4-3 木工课酒柜产能分析

工序名称	机器设备	机器数量	加工次数/标准工时	所需人员（白班＋夜班）	单件工时	日产能（白班＋夜班）
细作	双头剪附立轴机	5 台	6 次/30 秒	10 人	180 秒/套	2040 套/天
	双端作榫机	1 台	4 次/10 秒	8 人	240 秒/套	1020 套/天
	燕尾榫机	3 台	6 次/15 秒	12 人	280 秒/套	1311 套/天
	万能锯	3 台	6 次/15 秒	12 人	180 秒/套	2040 套/天
	高速刨花机	3 台	2 次/100 秒	6 人	200 秒/套	1836 套/天
散件砂磨	三角手压砂	5 台	7 次/36 秒	10 人	252 秒/套	1214 套/天
	部件手砂	—	7 次/30 秒	14 人	210 秒/套	2040 套/天
整体组立	钉枪		15 次/60 秒	15 人	15 分/套	1020 套/天
整体砂光	圆磨砂	—	1 次/600 秒	15 人	10 分/套	1530 套/天

木工课设立专线合计需配置人员 102 人，木工课单件加工时间为 50.7 分钟

如表 4-4 所示为单机产能分析。

表 4-4 单机产能分析

机器名称	立轴机					
作业员	××× ×××					
出勤工时	8 小时					
产品名称	部件名称	准备工时	单件工时	加工工时	有效工时	工序	日产能
HDV♯52	门板	1.5 小时	20 秒	8 小时	6.5 小时	铣外形	1170 片
FT-1358	门框	1 小时	15 秒	8 小时	7 小时	拉玻璃槽	1680 片
PROT-4821	门边柱	1.5 小时	15 秒	8 小时	6.5 小时	铣形	1560 片
AM-2418	门板	1 小时	22 秒	8 小时	7 小时	铣外形	1145 片

4.2.3.2 装备布局方式

近年来，随着工业自动化的快速发展，机器人在工业领域的应用越来越广泛，传统的手工操作已经不再适应现代化企业的发展，由于工业机器人的控制系统动态响应快、位置精度高、过载能力强，因此非常适用于机械零件的生产与加工生产线的自动化改造。了解自动化生产线的装备布局方式，是进行工业机器人系统集成方案布局设计的前提。

生产线布局是在生产线工艺流程的基础上结合现场实际情况按照一定的布局原则，将生产设备、生产线和操作人员按照生产流程进行安置与排序。如图 4-3 所示为某泵体生产线工艺流程，该泵体生产线全线具有 13 个工位。

该泵体生产线主要完成曲轴、活塞、上缸盖、下缸盖、气缸、消音器和转子的组装装配，最后进行转子热套。泵体生产线装备布局如图 4-4 所示。

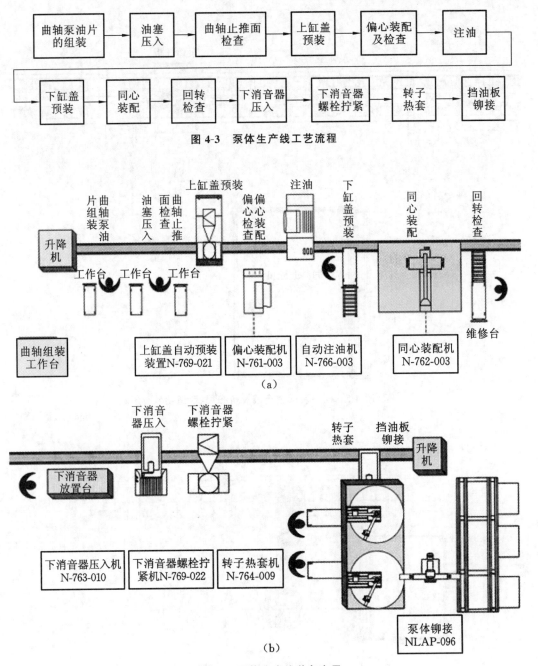

图 4-3　泵体生产线工艺流程

图 4-4　泵体生产线装备布局

该生产线中同心装配工艺过程由两位工作人员完成,前工位将连接螺栓放入下缸盖螺栓孔内进行预紧,再由工人将笨重的泵体投入到同心装配机内将螺栓拧紧,前工位处于下缸盖预紧位置,后工位处于同心装配机位置。当两位工人完成各自的任务时,他们将加工的产品重新放入流水线中,并为后面相关工位做准备。该工艺过程由人工搬运泵体,泵体质量达到 3.5 kg,因此员工的工作强度较高。同心装配改造前的生产线装备布局如图 4-5 所示。

如图 4-6 所示为该生产线自动化改造过程中各个设备的布局情况。流水线和同心装配机垂直摆放,工业机器人放置在同心装配机右侧。

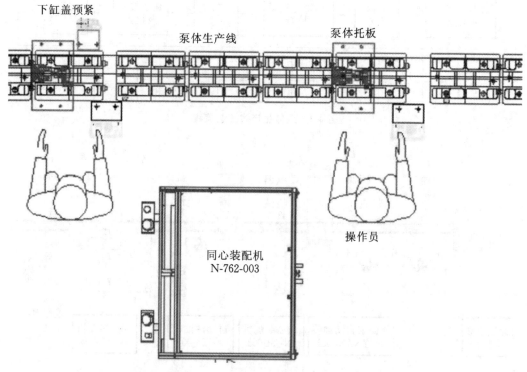

图 4-5　同心装配生产线装备布局（改造前）

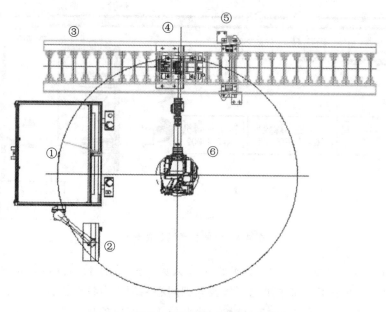

图 4-6　机器人安装后的布局图（改造后）

注：①同心装配机 N-762-003；②同心装配机计算机控制面板；
③流水线；④泵体托盘；⑤托盘放行装置；⑥工业机器人。

4.2.3.3 生产环境

生产环境是指生产现场中进行制造的地点,包括生产工装、量具、工艺过程、材料、操作者、环境和过程设置,如进给量、速度、循环时间、压力、温度、生产线节拍等。指劳动者从事生产劳动的总体空间,包括和生产劳动有关的场地、厂房建筑、相应空间的空气流动状况以及其中的设备布局、通风条件、采光照明等因素。实际是指某种生产企业游离于劳动者之外的一切环境条件。对某一特定生产企业或生产类型,生产环境可分为整体环境和局部环境。因此,生产环境是一个相对的概念,其具体内容可大可小。某车间的生产环境则只包括该车间建筑物内的环境因素,如厂房结构、设备仪器、通风采暖、采光照明、室内空气等。通常在实际生产过程中存在的一切其他因素均可归入生产环境范畴,如噪声、电磁辐射、局部气象条件等。下面以生产焊装车间要求为例进行介绍。

1. 电源

电源电压和功率要符合设备要求:电压要稳定,一般单相 AC 220 V($\pm 10\%$,50/60 Hz),三相 AC 380 V($\pm 10\%$,50/60 Hz)。如果达不到要求,需配置稳压电源,电源的功率要大于功耗的一倍以上。例如,贴片机的功耗为 2 kW,应配置 5 kW 电源。贴片机的电源要求独立接地,一般应采用三相五线制的接线方法,因为贴片机的运动速度很高,与其他设备接在一起会产生电磁干扰,影响贴片机的正常运行和贴装精度。

2. 气源

根据设备的要求配置气源的压力,可以利用工厂的气源,也可以单独配置无油压缩空气机。一般要求压力大于 7 kg/cm^2。要求使用清洁、干燥的净化空气,因此需要对压缩空气进行去油,防止管道生锈。锈渣进入管道和阀门,严重时会使电磁阀堵塞,气路不畅,影响机器正常运行。

3. 排风

在回流焊和波峰焊设备中都有排风要求,应根据设备要求配置排风机。对于全热风炉,一般要求排风管道的最低流量为 14.15 m^3/min。

4. 照明

厂房内应有良好的照明条件,理想照度为 800~1200 lx,最少不能低于 300 lx,照明度较低时,在检验、返修、测量等工作区应安装局部照明。

5. 工作环境

SMT 生产设备是高精度机电一体化设备,设备和工艺材料对环境的清洁度、温度、湿度都有一定的要求。工作车间应保持清洁卫生、无尘土、无腐蚀性气体。空调环境下,要有一定的新风量,尽量将 CO_2 含量控制在 1000 ppm 以下,将 CO 含量控制在 10 ppm 以下,以保证人体健康。环境温度以(23 ± 3)℃为佳,一般为 17~28 ℃,极限温度为 15~35 ℃。相对湿度为 45%~70% RH。图 4-7 所示为生产焊装车间。

4.2.3.4 工业自动化分析

工业自动化是指在工业生产中广泛采用自动控制、自动调整装置,用以代替人工操纵机器和机器体系进行加工生产的趋势。这一过程不仅包括使用各种自动控制、自动检测和自

图 4-7　生产焊装车间

动调整装置对整个工业生产过程的实时监控、优化调整及系统建模，实现工厂经营与企业运作流程的整体自动化、信息化。

一般而言，机械自动化是指机床、机器人、机械传动装置、泵、阀门等以及各种专业成套机械设备的自动化。

电气自动化是指发电机、电动机、变压器、连接件、熔断器、断路器、开关柜以及启动器等各种电气产品在各个工作时间段的自动化。

信息化是指对信息的自动感知、转换、采集、传输、处理、调控等过程。我们在做方案时也要综合考虑机械、电气、信息化三个方面。本小节偏重机械内容分析总结如下几个问题仅供参考。

① 供料是否实现自动化？
② 上料是否实现自动化？
③ 移料是否实现自动化？
④ 工艺是否实现自动化？
⑤ 收料是否实现自动化？

4.2.3.5　生产工艺分析

生产工艺是指企业制造产品的总体流程和方法，包括工艺过程、工艺参数和工艺配方等。操作方法是劳动者利用生产设备在具体生产环节对原材料、零部件或半成品进行加工的方法。生产工艺应用是指规定为生产一定数量成品所需起始原料和包装材料的质量、数量，以及工艺、加工说明、注意事项，包括生产过程中控制的一个或一套文件。生产工艺是指生产加工的方法和技术，主要包括工艺流程等内容。先进的生产工艺是生产优质产品、提高经济效益的基本保证,用先进技术改造传统设备和生产工艺是提高传统产业国际竞争力的根本途径。

生产工艺案例:A 客户现有 6 种螺栓类产品的人工生产线,要将其改造为智能自动化生产线。A 客户在生产螺栓时一般会经历以下 7 道加工工艺。

(1)退火:把线材加热到适当的温度,保持一定时间,再慢慢冷却,以调整结晶组织,降低硬度,改良线材常温加工性。

(2)酸洗:除去线材表面的氧化膜,并且在金属表面形成一层磷酸盐薄膜,以减少线材抽线以及冷墩或成型等加工过程中对工模具的擦伤。

(3)抽线:将盘元冷拉至所需线径。实用上针对部分产品又可分为粗抽(剥壳)和精抽两个阶段。

(4)成型:将线材经冷间锻造(或热间锻造),以达到半成品的形状及长度(或厚度)。

(5)辗牙、攻牙、滚牙:将已成型的半成品辗制或攻丝以形成所需的螺纹。实用上针对螺栓(螺丝)称为辗牙,牙条称为滚牙,螺帽称为攻牙。

① 辗牙:辗牙是将一块牙板固定,然后将另一块活动牙板带动产品移动,利用挤压使产品产生塑性变形,形成所需螺纹。

② 攻牙:攻牙是将已成型的螺帽,利用丝攻攻丝,形成所需螺纹。

③ 滚牙:滚牙是以两个相对应的螺丝滚轮,正向转动,利用挤压使产品产生塑性变形,形成所需螺纹。滚牙通常用于牙条。

(6)热处理:根据对象及目的不同可选用不同的热处理方式。

① 调质钢:淬火后高温回火(500～650 ℃)。

② 弹簧钢:淬火后中温回火(420～520 ℃)。

③ 渗碳钢:渗碳后淬火再低温回火(150～250 ℃)。

(7)表面处理:表面处理是通过一定的方法在工件表面形成覆盖层的过程,其目的是赋予制品美观的表面、防腐蚀的效果。

4.2.3.6 生产技术要求

本案例主要是针对辗牙生产过程的自动化生产改造,其中一种螺栓的技术要求如图 4-8 所示。

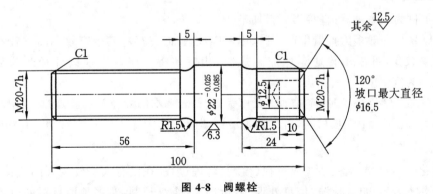

图 4-8 阀螺栓

注:尖角倒钝;调质处理 28～32 HRC;发蓝处理;材料 45。

1. 零件图样分析

(1) 零件结构比较简单,两端均为 M20-7h 外螺纹。

(2) 定位部分外圆 $\phi 22^{-0.025}_{-0.085}$ mm 与两端螺纹外径过渡处为 $R1.5$mm。

(3) 右端 120°锥孔是在装配时,与阀座进行铆接用的。

(4) 热处理要求 28~32 HRC。

2. 阀螺栓机械加工工艺

阀螺栓机械加工工艺过程如表 4-5 所示。

表 4-5　阀螺栓机械加工工艺过程

序号	工序名称	工序内容	工艺装备
1	下料	棒料 $\phi 24$ mm×860 mm(8 件连下)	锯床
2	热处理	调质处理 28~32 HRC	
3	车	棒料穿过主轴孔用三爪自定心卡盘夹紧,车端面、车 M20-7h 外径为 $\phi 19.7$~$\phi 19.85$ mm,长 56 mm,倒角 1×45°。车其余外圆各部,保 $\phi 22^{-0.025}_{-0.085}$ mm,长 20 mm。车右端(按图样方向)M20-7h 外径 $\phi 19.7$~$\phi 19.85$ mm,倒角 1×45°。车 $R1.5$ 连接圆弧。切断保证总长 101 mm	C620
4	车	夹 $\phi 22^{-0.025}_{-0.085}$ mm(垫上铜皮)处,套螺纹 M20-7h 两处(倒头一次)	C620 或套螺纹机
5	车	三爪自定心卡盘卡 $\phi 22^{-0.025}_{-0.085}$ mm(垫上铜皮),车右端面,保证总长 100 mm,倒角 1×45°,钻右端孔 $\phi 12.5$ mm 深 10 mm,倒坡口 120°,控制坡口最大直径 $\phi 16.5$ mm	C620
6	热处理	发蓝处理	
7	检验	按图样要求检验各部	
8	入库	涂油入库	

3. 工艺分析

(1) 零件为小短轴,可直接用棒料加工。

(2) 阀螺栓一般多为批量生产,可采用套螺纹机加工螺纹,其生产效率高。若零星修配或生产批量较少,可采用普通车床加工螺纹,相应地将工序 3 中螺纹外径改为 $\phi 19.8$~$\phi 19.85$ mm 为宜。

(3) 在加工螺纹外径时,应先加工长度为 56 mm 一端的外径及端面,以减少切断后端面的修整,因为在加工 120°坡口时,可以加工坡口端面。

4. 自动化

自动化是指机器设备、系统或过程(生产、管理过程)在没有人或较少人的直接参与下,按照人的要求,经过自动检测、信息处理、分析判断、操纵控制,实现预期目标的过程。如表 4-6 所示为自动化加工数据分析统计表。

表 4-6　自动化加工数据分析统计表

零部件名称	材质	用料规格及长度	下料重量/kg	年用量/件	加工工艺	加工节拍/min	年时基数/min	设备数量	设备负荷
螺栓 1	42CrMoA	φ28×482	2.33	5320	数控车	4.5		0.135	0.73594511
螺栓 2				9600		4.5		0.24	0.74701195
螺栓 3	42CrMoA	φ35×425	3.16	6700	数控车	4.87		0.185	0.73195955
螺栓 4	35CrMoA	φ28×347	1.18	26000	铣打机	1.37		0.2	0.73912683
					粗车	2.47		0.36	0.74032573
螺栓 5	35CrMoA	φ22.5×311	0.97	62000	铣打机	1.37	240960	0.47	0.75001413
					粗车	3.17		1.1	0.74150368
螺栓 6	35CrMoA	φ28×361	1.74	12000	铣打机	1.37		0.1	0.68227092
					粗车	4		0.27	0.73778958
					精车	3.1		0.25	0.61752988
合计				121620				3.31	
年时基数 = 251×8 ×60×2 240960 min	年产量 121620 件		AD -15B 数控车床 需要数量　4 台				KPD70/680 铣打机　　1 台		

4.2.3.7　产品来料方式

包装材料是指用于制造包装容器、包装装潢、包装印刷、包装运输等满足产品包装要求所使用的材料,它既包括金属、塑料、玻璃、陶瓷、纸、竹本、天然纤维、化学纤维、复合材料等主要包装材料,又包括涂料、黏合剂、捆扎带、装潢材料、印刷材料等辅助材料。常见的工业包装材料如图 4-9 所示。

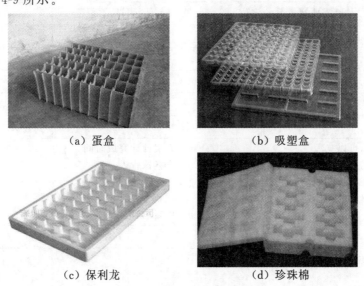

（a）蛋盒　　　　　　　　　　（b）吸塑盒

（c）保利龙　　　　　　　　　（d）珍珠棉

图 4-9　常见的工业包装材料

4.2.4 项目需求技术资料

完成客户需求分析和项目现场信息采集之后,需要将技术资料进行归档处理。如表 4-7 所示为某自动化项目需求样表。

表 4-7　某自动化项目需求样表

客户名称					地　址		
客户联系人			电话			电子信箱	
	需求内容	□打磨	□抛光	□拉丝	□焊接	□搬运	□其他
项目效益数据	项目预计执行时间				其他补充说明事项:		
	目标要求	项目					
		产能要求	每月需求				
			单件加工时间				
		系统价格要求					
		自动化程度					
	现状	现用人力					
		设备台数					
项目需求资料	现有条件	场地尺寸布局	客户现场量取布局尺寸			设备改造	配套需要
		现有设备能否进行自动化改造					
		单工站或自动化连线					
		产品类型/种类					
		机器人品牌要求					
		1.提供产品图档/3D图档		□是　□否			
		2.提供客户设备类型及尺寸		□是　□否		客户所在行业	
		3.是否需要视觉系统定位		□是　□否			
		4.产品和设备相片		□是　□否			
		5.生产过程录像		□是　□否			
		6.来料的一致性		□是　□否			
		7.产品重量					
核准			审核			业务员承办	

□ 资料齐全,可以立项　　　　　　方案预计完成时间:

□ 资料欠缺,需补充　　　　　　　方案执行人:

□技术不成熟,建议放弃　　　　　预计工时:

□方案性价比不高,建议放弃　　　项目号:

　　　　　　　　　　　　　　　　项目名称:

核　准			方案负责人	

总经理批示:

□同意　　　　　　□不同意　　　　　　　　签批:

4.2.5　信息分析确认项目范围（含功能与性能指标）

在项目规划阶段,项目范围管理主要是通过规划范围管理、收集需求、定义范围、创建WBS(工作分解结构)、确认范围和控制范围六个过程来实现的。规划范围管理即根据项目章程制订范围管理计划和需求管理计划。收集需求是团队为了实现项目目标,竭尽全力收集、分析和记录包括发起人、客户和项目干系方的需求和期望的过程。定义范围指的是确立项目范围并编写项目范围说明书的过程。创建 WBS 是以可交付成果为导向的工作层级分解,每下降一个层次,就意味着对项目工作更为详尽的定义。

4.2.5.1　规划范围管理

规划范围管理的主要作用是在整个项目中对如何管理范围提供指南和方向。规划范围管理的依据有项目管理计划、项目章程、项目制约因素和组织积累的相关资源等。规划范围管理的工具和方法有专家判断法和会议。规划范围管理的输出结果是范围管理计划和需求管理计划。

范围管理计划是项目管理计划的子计划,应该对如下工作的管理过程做出规定:制定详细的项目范围说明书;根据详细的项目范围说明书创建 WBS;维护和批准 WBS;正式验收已完成的项目可交付成果;在实施整体变更控制的同时,对详细项目范围说明书进行相应的变更。需求管理计划是项目管理计划的组成部分,描述了如何分析、记载和管理项目阶段的各种需求的文档,其主要内容包括:如何规划、跟踪和报告各种需求活动;如何安排配置管理活动;如何对不同需求按照优先顺序进行排序;如何制定产品测量指标以及为何使用这些指标;如何规定哪些属性将被列入跟踪矩阵中的维度。

4.2.5.2　收集需求

收集需求是项目团队为了实现项目目标,详尽分析、挖掘和记录包括客户、发起人和其他项目干系人在内的需求和期望的过程。收集需求的依据是范围管理计划、需求管理计划、干系人管理计划、项目章程和项目干系人登记表。收集需求的工具和方法主要有个人面谈法、焦点小组访谈法、引导式研讨会、团队决策法、群体决策法、问卷调查法、观察调研法和实物模型法等。收集需求的结果是干系人需求文档和需求跟踪矩阵。表 4-8 所示为需求跟踪矩阵示例。

表 4-8　需求跟踪矩阵示例

项目名称							
责任中心							
项目描述							
编号	关联编号	需求描述	业务需要	项目目标	可交付成果	产品设计	测试用例
001	1.0						
	1.1						
	1.2						
	1.2.1						

编号	关联编号	需求描述	业务需要	项目目标	可交付成果	产品设计	测试用例
002	2.0						
	2.1						
	2.1.1						

4.2.5.3 定义范围

定义范围是以项目的实施动机为基础,确立项目范围并编写项目范围说明书的过程。定义范围依据的是范围管理计划、项目章程、干系人需求文档和组织积累的相关资源。定义范围使用的工具和方法是产品分析、项目方案识别、专家判断法和引导式研讨会等。定义范围的结果是项目范围说明书和更新的项目文档,其中项目范围说明书包括但不限于以下内容。

(1)项目目标。项目目标主要包括成本、时间、技术性能(或质量标准)等。

(2)产品范围说明。它说明了项目应创造的产品、服务或成果的特征。

(3)项目可交付成果。它包括由项目产品、服务或成果组成的结果,也包括附带结果,如项目管理报告和文件。

(4)项目边界。项目边界明确了哪些事项属于项目,也说明了哪些事项不包括在项目之内。

(5)项目要求说明。它说明了项目可交付成果是否满足合同、标准、技术规定说明书或其他正式强制性文件的要求。

(6)产品验收准则。它确定了验收已完成产品的过程和原则。

(7)项目制约因素。它列出并说明与项目范围有关并限制项目团队选择的具体项目制约因素。

(8)项目假设。它列出并说明与项目范围有关的具体项目假设,以及其在不成立时可能造成的潜在后果。

4.2.5.4 创建工作分解结构

工作分解结构是指把项目整体任务分解成较小的、易于管理和控制的若干子项目或工作单元,并由此组织和定义整个项目的工作范围。国际项目管理协会对工作分解结构的定义是:"工作分解结构归纳和定义整个工作范围,将项目分解成更小、更便于管理的工作单元,WBS每向下分解一个层次就代表对项目工作的进一步详细定义。最底层的叫工作包,需要明确责任人,工作包一般在1个人或1个行政单位内完成。"

工作分解结构总是处于计划过程的中心,也是制订进度计划、资源需求、成本预算、风险管理计划和采购计划等计划的重要基础,工作分解结构同时还是控制项目变更的重要基础,所以工作分解结构也是一个项目的综合工具。工作分解结构主要有以下作用。

(1)工作分解结构能保证所有任务都被识别出来,并把项目要做的所有工作都展示出来,不至于漏掉任何重要任务。

(2)工作分解结构清晰地给出可交付成果,明确具体任务及相互关联,为不同层级的管理人员提供适合的信息。高层管理人员处理主交付物,一线主管处理更小的子交付物或工作包,使项目团队成员更清楚任务的性质,明确要做的事情。

(3)通过工作分解结构,容易对每项分解出的活动估计所需时间、所需成本,可应用于计划、进度安排和预算分配,也可将小工作包的预算与实际成本汇总成更大的实际元素。

(4)通过工作分解结构,可以确定完成项目所需要的技术、人力及其他资源。

(5)工作分解结构为管理人员提供了计划、监督和控制项目工作的数据库,能够对项目进行有效的跟踪、控制和反馈。

(6)工作分解结构定义了沟通渠道,有助于理解和协调项目的多个部分。工作分解结构显示了工作和负责工作的组织单位,问题可以得到很快的处理和协调。

根据工业机器人项目流程进行拆分,创建工作分解结构可以采用以下三种方式进行。

(1)按产品的物理结构分解;

(2)按产品或项目的功能分解,如图 4-10 所示;

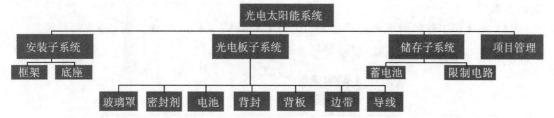

图 4-10 基于产品或项目的功能创建的光电太阳能系统开发项目的工作分解结构

(3)按照实施过程分解,如图 4-11 所示。

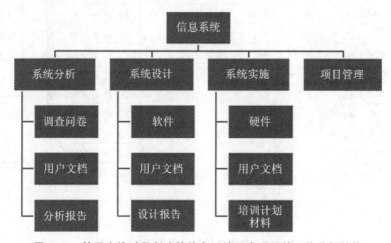

图 4-11 基于实施过程创建的信息系统开发项目的工作分解结构

1. 项目纲要性工作分解结构

项目纲要性工作分解结构是针对某一特定项目,对纲要性工作进行裁剪得到的工作分解结构。在其他某些具体应用领域,常见的分解结构如下。

(1)合同工作分解结构(CWBS)——它主要用于定义卖方提供给买方报告的层次,通常不如卖方管理工作使用的工作分解结构详细。

（2）组织分解结构（OBS）——它用于显示各个工作元素被分配到哪个组织单元。

（3）资源分解结构（RBS）——它是组织分解结构的一种变异，通常在将工作元素分配到个人时使用。

（4）材料清单（BOM）——它表述了用于制造一个加工产品所需的实际部件、组件和构件的分级层次。

（5）项目分解结构（PBS）——它基本上与工作分解结构的概念相同。

2. 项目工作分解结构的主要用途

（1）为各独立单元分配人员进行责任的划分和指派，自上而下将项目目标落实到具体的工作上，并将这些项目交给项目内外的个人或组织去完成，规定这些人员的相应职责。

（2）针对各独立单元进行时间、费用和资源需要量的估算，提高时间、费用和资源估算的准确性，进而估计项目整体和全过程的费用。单元越小，估算越准确。

（3）为计划、预算、进度安排和费用控制奠定了共同基础，确定项目进度、成本计量和控制的基准。

（4）将项目工作的财务和会计账目（BOQ、Codes of Account）建立联系。

（5）确定工作内容和工作顺序，如图4-12所示。

图4-12　思维导图形状创建任务分解图

3. 工业机器人项目分解划分

对于工业机器人项目设计制造来说，应该包含以下几个方面的工作：①设备功能模块划分；②项目阶段性目标划分；③项目组成员任务划分。

项目工作分解结构合适与否，决定着项目最终能否取得成功，项目组织的核心技术是管理人员参与制定。而项目工作分解的主要依据应该是企业的标准或者行业的惯例，其分解内容必须符合企业自身的生产状况，只有这样，才可能得到很好的实施。

4. 工业机器人项目任务量分解

项目工作分解应该根据项目组成员的能力水平和任务多寡状况有所区别:能力越强,层次可以越少;反之,就需要分解得细些,层次多一些。对项目进度、成本和质量的控制能力越强,层次可以越少;反之,就需要分解得细些,层次多一些,因为分解得越细,项目就越容易管理,因而要求的能力就相对弱一些。

没有人愿意做繁琐的工作,项目管理就需要将项目实施过程中的每一个步骤尽可能简化,提高项目实施的效率。简化工作的同时不能以降低项目质量为代价,需要在保证项目质量的前提下,尽量简化工作步骤,使团队不陷入项目的某个细节中。

◀◀ 4.3 项目初步方案设计 ▶▶

项目的初步方案主要是给出设计平面图、设计功能分析、效益预估、方案特点等内容,以一个案例介绍项目初步方案设计。

4.3.1 系统总体布局与主要设备选型

1. 设计条件

某公司生产的用于上下料的工件外形类似,尺寸范围一定,如图 4-13 所示。

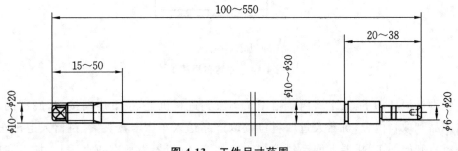

图 4-13 工件尺寸范围

(1)加工方法一定,分为两个工位,第一个工位车削完成后掉头在第二个工位完成下一个加工。

(2)被加工材料一定,均为钢。

(3)上下料的上料仓某公司已有比较成熟的方案——重力上料仓;下料仓也可直接使用已有三角形料仓。

(4)加工节拍一定,一个工位最快为 15 s 左右。

(5)所有机床类型一致,均为小型数控车床。车床外观一致,数控系统型号一致。

2. 条件分析

(1)上料仓选用某公司已有的比较成熟的方案,原则上不做或少做改变。

(2)所有机床类型一致,为后续的机床数控系统的修改提供了便利。

(3)机床为连续工作,因此上下料的可靠性和寿命必须有保障。

(4)其他条件较易达到。

(5)能集中化处理,原因有二:一是可以减少上下料的运行时间,由于一台车床上加工的时间较短,仅有 15 s 左右,甚至可能更短。因此功能集中化处理后各功能实现时间重叠;二是功能集中,可以减少空间占用,起到降低成本的作用。

4.3.1.1 初步方案平面图

1. 工业机器人上下料

工业机器人上下料的方案布局图如图 4-14 所示。

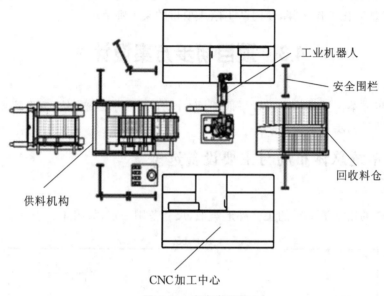

图 4-14 方案布局图 1

设备设计原理如下:人工将周转箱用叉车放到进料机上,按下启动按钮,底部的液压机构顶出产品到取料位置,机器人过取料位置取产品送入车床卡盘夹紧,机器人退出车床(回来取毛料),开始加工,机器人取毛料等加工完的产品(机器人配有双夹手)。加工完成后机器人进入机床内取产品和放产品,取出的产品放到下料箱内。

主要技术参数/类别/规格参数:

整机外形尺寸:4500 mm×3900 mm×2500 mm   整机重量:约 1200 kg

输入电压:AC 220 V 50 Hz 或 AC 80 V 50 Hz 可选   耗气量:0.5 L/min

整机最大功率:4.5 kW(220 V 时)   动作功能:自动取料、识别

输入气源压力:0.4~0.6 MPa   模组驱动方式:伺服电机驱动

生产效率(C/T):≤15~20 s 一个轮回(不含机床加工时间)   设备率:载用 ≥99%

机械手重复定位精度:≤±0.08 mm

2. 三轴机械模组上下料

三轴机械模组上下料的方案布局图如图 4-15 所示。

三轴机械模组上下料的操作步骤如下。

① 放料:人工把物料盘放入料仓,调节料仓供料架的摆动角度,使料盘中的产能有效地和机械手配合,加工不同外径尺寸的产品,通过更换夹具配件便可。

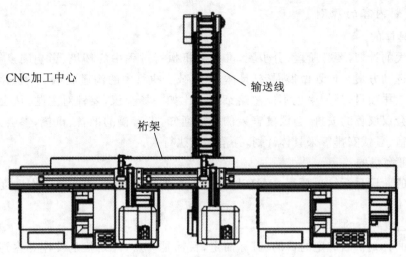

图 4-15 方案布局图 2

② 进料：靠机械手中夹子气缸进行旋转切换取料和上料,夹子气缸先把车好的产品夹出,由旋转气缸旋转一定角度后再把没车的产品放入 CNC 夹盘中进行加工,把工件取走放入料盘。

机械手主要技术参数/类别/规格参数：

整机外形尺寸：$2100 \times 850 \times 950 (L \times W \times H)$　　整机最大功率：1.2 kW(220 V 时)

整机重量：约 400 kg　　　　　　　　　　编程方式：触摸屏参数修改

生产效率(C/T)：每分钟生产 4 个　　　　　设备载用率 ：$\geqslant 95\%$

加工方式：自动取料、放料、下料　　　　　上料方式：人工换盘

机械手重复定位精度：$\leqslant \pm 0.05$ mm　　　控制通信方式：RS232、USB

机械手动力驱动方式：伺服电机驱动　　　　动力驱动方式：伺服电机驱动

输入气源压力：$0.4 \sim 0.6$ MPa　　　　　　耗气量：1.5 L/min

输入电压：AC 220 V 50 Hz 或 AC 380 V 50 Hz 可选

4.3.1.2　效益分析

自动化生产需要两名工人,两班工作制,按照每名工人每年工资加各项福利共 4.5 万元计算,每年需支付人工成本 18 万元;如果不进行自动化改造,整条生产线需要五名操作工人,两班工作制,每年人工成本为 45 万元;采用自动化生产线,每年可节约人工成本 27 万元,而且可以提高生产效率,并且大大降低工人的劳动强度,改善了生产环境。因此采用自动化生产线对于提升企业形象有很大帮助,有助于提升企业的品牌价值。

4.3.2　项目进度初步安排

经常听到有人发出"计划没有变化快""计划赶不上变化"之类的感慨,说这话的人肯定没有认真地做过计划的。计划和变化本来就是相辅相成的,没有计划,变化从何谈起？有变化则恰恰证明了计划的重要性。计划、组织、控制是管理的三项职能,而作为计划,是管理工作的基础。一项工作,首先要有计划,才会有后续的组织和控制,没有计划的工作,不叫管理工作。

1. 计划内容的原则

（1）具体的。

对于大的计划，要分阶段、分步骤，准确分析执行过程中的环境、影响因素等，做出周密的对策和行动方案。计划做得周密、具体，可以减少执行中的沟通成本、干扰、困惑等。即使一些小的工作项目，计划中也不能忽略细节。比如一场会议，要针对主题，从会议场所的选定、布置，会议议程的安排，会议发言人的提前通知，发言稿的准备、审核，参会人员通知，参会人员住宿、餐饮安排等来具体计划，并落实到执行人。

（2）可衡量的。

计划的阶段目标结果要可衡量，让执行者明确，以便掌握和控制工作进度、检查、跟踪考核。

（3）达成一致的。

所有的计划都因一定的目的、目标而定，目标是终点，计划就是设计要达到终点所必须经过的历程。

（4）可实现的。

计划必须是可以实现的、可操作的，不切实际的计划不仅浪费做计划花的时间和精力，还会引起员工抱怨，影响计划执行，达不到目的，计划就形如空文。

（5）有时间限制的。

企业根据自己的发展设定了目标，员工的工作就要围绕这个目标在规定的时间内去完成。计划要具体地体现工作进度，以便在预期时间内完成任务。

以上是计划内容制订的原则，计划制订的表述，应该做到简洁。在实际工作中，中层领导者在做工作计划、布置工作任务的时候，不能洋洋洒洒，旁征博引，抓不住主题，从而影响工作的执行。简洁、明确的工作计划，可以让员工很好地把握工作重点，顺利开展工作。

2. 计划制订的要素

要表述清楚一件事情，必须要阐明一些要素。学习作文的时候，就强调要表达清楚时间，地点，人物，事件的起因、经过、结果。计划制订亦如此，也需要用一些要素来表达，具体可概括为 5W2H，又叫七问分析法。

（1）5W：What、Who、When、Where、Why。

① What：计划中要做什么或完成什么，最终目的是什么；明确工作任务。

② Who：计划由谁、哪些人执行；明确工作任务的担当者。

③ When：什么时候执行到什么程度；明确工作进度。

④ Where：在什么地方进行工作；明确工作开展地点、区域。

⑤ Why：为什么要这样做，有没有替代方案；明确工作起因、动机。

（2）2H：How、How much。

① How：怎么开展工作，怎么提高效率，如何实施，方法是什么；明确工作方式方法。

② How much：完成多少工作，数量如何；明确工作量。

若布置工作任务或做工作计划具备以上要素，才为一项基本完整的计划。

3. 计划分解与细化

如果承担某种特定的任务，我们需要为这项任务开发一个活动检查列表和计划工作表，就像我们的工程进度表。每个检查列表应该包括这个大任务可能需要的所有步骤。这些检查列表和工作表将帮助我们确定和评估必须处理的与大任务相关的工作量。把大任务分解成多个小任务,可以帮助我们更加精确地预估它们,暴露出在其他情况下我们可能没有想到的工作活动和细节,这样就可以保证以更加精确、细密的状态完成任务。

4. 计划制订者与执行者的统一

主管给员工的工作任务布置或计划设定,在工作中就是一项协议,需要计划制订者和执行者对这项计划达成共识,形成行为契约,才能保证行动一致,使计划顺利执行,实现工作目标。如果计划制订者在制订计划时采取武断、强制态度或执行者对计划持怀疑态度,对计划不认同,就会极大影响工作积极性。因而,计划制订者与执行者应该是统一的,计划的制订者与执行者相互认可,才能更好地实现共同的目标。

在项目管理过程中,有的项目做得井井有条、按部就班、忙而不乱,而有的项目却是一团乱麻、主次不分,经常需要"救火",到头来,有的项目能够分期分批地交付工作成果,最终实现工作目标,而有的项目却迟迟交不出东西,或者交出的产品质量与项目目标严重不符,当然,这是两个极端,更为常见的则是项目存在不同程度的延期、超支和质量上不去的问题。为什么会造成这样的结果呢?有人说是项目管理的问题,没错,但究其根源,则是项目计划出了问题!

军队中常说的一句话就是"一切行动听指挥",用在项目上,可以演变为"一切活动看计划"。项目计划就是所有项目活动的指南,重视计划、推进计划,才能使项目始终沿着既定的轨道运转,也只有这样,才能最终实现项目目标。计划不一定非得做得美观漂亮、规范严谨,关键是计划的实际可操作性,否则,再完美的计划也将形同摆设,毫无用处。制订计划是项目管理过程中首要的工作,计划的成功制订意味着项目已经成功了一半。因此,那些接收到工作就急着做、没有计划性的项目是不提倡的。对于规模很小的项目来说,这种"敏捷"的做法也许会取得成功,但始终是昙花一现,几乎没有参考价值。项目不管大小,哪怕只有一个人,也要制订计划。不同规模的项目,计划的规模也会不同,但只要切合实际地去进行计划,后面的工作就不至于是无源之水,放任自流了。

实际项目的经验表明,进度计划、质量计划、风险计划、测试计划、配置管理计划以及沟通计划是项目计划中比较重要、对实际工作比较有指导意义的几个子计划。其中,进度计划是所有计划的基础,它确定了项目的时间范围,它让你知道在哪个时间应该完成哪项工作;质量计划则告诉你这项工作是否已经完成,是否达到要求;风险计划将会告诉你完成这项工作可能出现的障碍,应如何应对解决;测试计划将会告诉你如何循序渐进地发现工作中存在的漏洞,是否可以交付成果;配置管理计划将会为你列举这项工作将由哪些部分组成,哪些是关键的,哪些是可变的;沟通计划将告诉你在做这项工作的过程中你要跟哪些对象共事,应如何跟他们协调一致。

当然,计划也不是一蹴而就的,任何人也没有料事如神的本领,它是一个由宏观到微观、由粗到细逐渐分解、逐渐细化的过程。开始,它可能只会告诉你要做哪几件事(里程碑),后来逐渐告诉你每件事有哪些活动(目标分解),然后再告诉你每项活动应该怎么去做(具体工作流程)。执行计划的过程就象是拆锦囊,每到一个路口,就拆开一个锦囊,里面就有告诉你如何往下走的方法。

前面提到了好的计划就等于项目成功了一半,那么另一半是什么呢?是控制。控制就是对计划的执行情况进行监控,当变化来袭时,能够快速应对。变化其实并不可怕,怕就怕事先没有计划。失去计划就等于失去了发现变化并应对变化的依据,那样,变化就真的成了"隐形杀手",令你防不胜防。

认识到计划的重要性,就应该坚定地执行它。在计划推进的过程中,难免会有阻力,摇摆不定,甚至屈服是大忌,计划的执行与控制没有捷径,唯有坚持到底,才能获得成功。

5. 制订项目管理计划

项目管理计划是项目团队根据项目的各种制约因素、假设条件、各项目干系人的要求及各单项计划编制而成的计划文件,其包括项目单项管理计划和项目基准。项目单项管理计划包括以下子计划:范围管理计划、需求管理计划、进度管理计划、成本管理计划、质量管理计划、过程改进计划、人力资源管理计划、沟通管理计划、风险管理计划、采购管理计划、干系人管理计划、变更管理计划、配置管理计划等。项目基准主要包括范围基准(项目范围说明书、WBS、WBS词典)、进度基准、成本基准和质量基准。项目管理计划是一个定义、编制、整合和协调所有子计划的过程,而且要持续到项目收尾。需特别说明的是,项目管理计划不能随意变更,特别是进度、成本、范围和质量领域的管理计划。如图4-16所示为制订项目管理计划的过程。

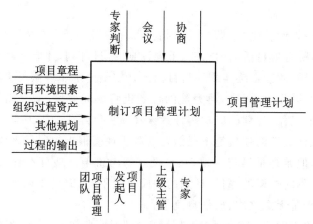

图 4-16 制订项目管理计划的过程

制订项目管理计划的最终输出结果是项目管理计划书,其内容包括(但不限于):①项目所选用的生命周期以及各阶段将采用的过程,包括项目管理过程和技术过程纵览;②项目管理团队选择项目管理过程的结果,以及对这些过程所需的控制和机制的描述;③每个所选过程的执行水平;④技术过程细节;⑤一份变更管理计划、变更流程;⑥绩效测量的基准;⑦干系方的沟通需求、沟通技术。

为处理未解决事宜和制定决策所需开展的管理层重点审查以便审查相关内容,涉及程度和时机把握。

4.3.3 成本估算与项目初步报价

4.3.3.1 估算原则和方法

1. 报价原则

(1) 技术部在应标前报出的价格原则上是方案实现的材料费用,价格书仅提供给市场

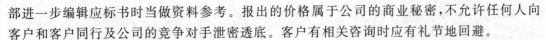

部进一步编辑应标书时当做资料参考。报出的价格属于公司的商业秘密,不允许任何人向客户和客户同行及公司的竞争对手泄密透底。客户有相关咨询时应有礼节地回避。

（2）技术部报出的价格一般包括外购元器件价格和委外加工件价格两种(公司不发展自制加工)。有历史价格的按近期历史价格报出,没有近期历史价格的可采用可比价、搜询价、参考价等方式报出并备注价格信息来源。委外加工件价格应是包工包料的价格。

（3）技术部报出的价格要求用表格的形式提供,可以参考格力技术标书相关内容。

（4）市场部向客户报出的价格应包括材料费、制造费、设计费、软件开发费、管理费、安装调试费、售后服务费、运输费及税金和毛利。

2. 自动化单机报价

（1）自动化单机报价应按工位列表报出。工位报出后还应报出台架、动力与传动、工位间连接件、电/气/液系统、控制系统、在线检测与信息处理、照明和安全防护等。

（2）工位不明确的自动化单机按装配关系或功能报出,如动力部分、动力输入部件、变速部分、工作部件、连接件、运送部件、电/气/液元器件、气/液工作站、台架等。

（3）多工位生产线报价一般根据工艺流程分别按工序、工位、工台位报出。每个工序可以参考单机报价。还应报出工序间连接件、辅助运送工具、运行和搬运附件、试机和生产配件用具等。

4.3.3.2　报价依据

成本是价格的基础,正确地核算出包括机会成本在内的完全成本,是科学定价的前提和关键。价格形成及变化是商品经济中最复杂的现象之一,除了价值这个形成价格的基础因素外,现实中企业价格的制订和实现还受到多方面因素的制约和影响。企业定价的影响因素主要包括以下几个方面。

（1）市场需求及其变化。商品的需求量与价格反方向变化,价格越高,需求量越低;反之,价格越低,需求量越高。

（2）市场竞争状况。企业定价的“自由度”首先取决于市场竞争格局,商品经济中的市场竞争是供给方争夺市场的竞争。

（3）政府的干预程度。在现代经济社会中,只是程度有所不同,如规定企业的定价权限、作价原则、利润水平、价格浮动等。当然,随着市场经济的日渐成熟,政府对价格的干预会越来越少。

报价主要依据市场行情,包括制造费用、机床工时费用、常用的原材料费和表面处理费等。

1. 制造费用参考

（1）零件类成本＝(材料费＋加工费)×1.2;(1.2 的系数是管理费)

（2）设备类成本＝(材料费＋加工费＋外购件费＋装配调试费＋设计费)×1.2;

（3）材料费＝重量(密度×体积)×单价(元/kg);

（4）加工费＝工时×工时单价(元/时);

（5）设计费＝工作工时×单价(元/时);

（6）装配调试费＝工作工时×单价(元/时)。

2. 机床工时单价参考

（1）车床：50 元/时；

（2）铣床：50 元/时；

（3）磨床：50 元/时；

（4）钳工：50 元/时；

（5）数控铣床：80～120 元/时；

（6）数控车床：60～100 元/时；

（7）线切割：60 元/时；

（8）火花机：80 元/时。

3. 常用的原材料费参考

（1）201 不锈钢：28 元/kg；

（2）304 不锈钢：42 元/kg；

（3）316L 不锈钢：58 元/kg；

（4）45♯ 圆棒料：4.5 元/kg；

（5）45♯ 板料：5.5 元/kg；

（6）59♯ 黄铜：56 元/kg；

（7）62♯ 黄铜：74 元/kg；

（8）国产铝材：27 元/kg；

（9）进口铝材：70～100 元/kg；

（10）尼龙：45 元/kg；

（11）POM：48 元/kg；

（12）ABS：35 元/kg；

（13）有机玻璃、PVC：55 元/kg；

（14）聚四氟乙烯：210 元/kg。

4. 表面处理费参考

（1）镀镍：铝件 40 元/kg；铁件 18 元/kg；每次来货少于 2 kg 的，最低收费 50 元。

（2）硬铬：小件（2 kg 以下）20 元/kg；中件（2 kg 以上 50 kg 以下）10 元/kg，最低收费 50 元或每平方厘米 2 元；大件（50 kg 以上）议价。

（3）发黑：小件（2 kg 以下）10 元/kg；中件（2 kg 以上 50 kg 以下）3 元/kg，最低收费 30 元；大件（50 kg 以上）议价。

（4）氧化：①阳极氧化 30 元/kg；小于 0.5 kg，本色氧化 7 元/个。②光亮黑色氧化 34 元/kg，最低收费 50 元，超过 850 mm，乘系数 1.2。③普通黑色氧化 30 元/kg，小于 0.5 kg，8 元/kg。④硬质阳极氧化 42 元/kg，最低收费 70 元，超过 850 mm，乘系数 1.2。⑤彩色阳极氧化 53 元/kg，最低收费 80 元，超过 850 mm，乘系数 1.2。

（5）喷砂：7 元/kg。

（6）镀锌：白色、彩色 5 元/kg；黑色 12 元/kg，最低收费 40 元。

（7）喷漆：50 元/平方米。

（8）喷塑：60 元/平方米。

（9）烤漆：60～280 元/平方米。

4.3.3.3　报价手段

在跟客户报价之前,首先要清楚两个方面的因素(客观因素和主观因素),只有充分考虑到这两个方面的因素,才能制订出较为合理的、自己能接受的价格底线,然后才能向客户报价。

1. 客观因素

(1) 如果对方是大客户,且购买力较强,你可以适当将价格报高一点,反之偏低。

(2) 如果客户对该产品和价格都非常熟悉,建议你采用"对比法",在跟客户谈判时,突出自己产品的优点、同行的缺点,价格再接近底价,才有可能从一开始就"逮"住客人。

(3) 如果客户性格比较直爽,不喜欢跟你兜圈子讨价还价,你最好还是一开始就亮出自己的底牌,以免报出高价一下子把客户吓跑了。

(4) 如果客户对产品不是很熟悉,你就多介绍一些该产品的用途及优点,价格不妨报高一点。

(5) 如果有些客户对价格特别敏感,每分每厘都要争,而客户又很看中你的产品,你一定要有足够的耐心,跟客户打一场"心理战",询问或揣摩一下客户的目标价格,再跟自己能给到的底价比较一下差距有多大。

2. 主观因素

(1) 如果你的产品质量相对较好,报价肯定要更高。

(2) 如果你的产品在市场上供不应求,当然也可以报更高的价。

(3) 如果供货期限较长,自己有渠道,也可以报高价。

(4) 如果你的产品是新产品,款式又比较新颖,通常报价比成熟的产品要高些。

(5) 即使同一种产品,在不同的阶段,因受市场因素和配额等影响,报价也不尽相同,一定要多方了解有关信息,锻炼出敏锐的嗅觉。

4.3.4　方案评审

1. 布局审核要点

①维修通道;②物流通道;③消防通道;④厂房布局图、长宽高、立柱、门;⑤产品流向;⑥设备进场、吊装;⑦设备、物料;⑧工位衔接。

2. 工位功能审核要点

①方案结构功能能否实现;②能否兼容要求的所有产品;③实现相应功能的成熟结构推荐;④市场是否有实现相似功能的设备。

3. 节拍审核要点

①每个工位节拍评估;②节拍平衡;③物流时间;④物料车换料间隔不小于 30 分钟;⑤AGV等非工位节拍;⑥人工节拍。

4. 产品工艺审核要点

①来料特点;②产品要求;③关键参数和工艺;④环境要求、无尘、恒温恒湿;⑤人工线经常出现的问题。

5. 结构审核要点

①过于复杂、巧妙机构安装加工精度;②强度过高、过低;③维修与保养;④人、设备的安

全防护;⑤耐久性。

6. 操作员体验

①快速便捷;②人体高度、距离;③方便简洁;④物理按键、触摸屏。

7. 精度

①每个工位的精度要求;②定位精度低于 1 mm;③重复定位精度低于 0.1 mm;④来料是否满足精度要求,是否追加纠正机构。

8. 容错与防呆

①纠正功能;②导向;③$X/Y/Z$ 方向错误识别;④拒绝一切错误从入口处导入。

9. 出错确认及异常处理

①每个动作完成确认;②异常处理、纠正、排除、报警;③异常不能流到下个没有检测功能的工位。

10. 尽可能实物推演

①发现逻辑问题;②发现方案中没考虑到的变形问题;③发现布局干涉问题;④发现用户体验问题;⑤发现结构问题。

◀ 4.4 某零件弧焊项目方案设计 ▶

方案设计是设计中的重要阶段,它是一个极富有创造性的设计阶段,同时也是一个十分复杂的问题,它涉及设计者的知识水平、经验、灵感和想象力等。方案设计包括设计要求分析、系统功能分析、原理方案设计几个过程。该阶段主要是从分析需求出发,确定实现产品功能和性能所需要的总体对象(技术系统),决定技术系统实现产品的功能与性能到技术系统的映像,并对技术系统进行初步的评价和优化。设计人员根据设计任务书的要求,运用自己所掌握的知识和经验,选择合理的技术系统,构思满足设计要求的原理解答方案。

4.4.1 项目开发背景

1. 客户需要

焊接对象如图 4-17、图 4-18 所示。

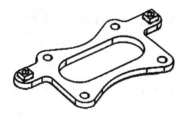
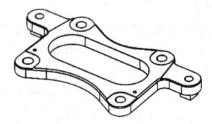

图 4-17 焊接零件 1

产品基本属性如下。

① 产品规格:见详细焊接图纸。

② 焊接范围:按工件图工艺要求焊接排气管件与排气焊接端板之间的焊缝。

③ 焊接材质:碳钢 Q235-A。

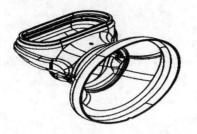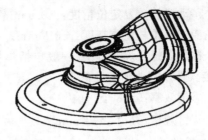

图 4-18　焊接零件 2

④ 材料厚度：1.8 mm。

⑤ 焊接特征：MAG 焊。

⑥ 焊接组对要求（用户自己完成工件组对）：位置误差不超过 1 mm。

⑦ 焊接质量要求：焊缝不允许存在咬边、气孔、砂眼、裂纹等缺陷。

⑧ 焊接辅助时间：15 s。

以焊高为 12 mm 的焊缝为参考，如表 4-9 所示为焊缝参考表。

表 4-9　焊缝参考表

焊缝种类	12 mm 焊高
焊缝长度/mm	1000×6
焊接速度/(mm/min)	50（两道三次焊完）
焊接时间/min	8

焊接结构简图如图 4-19 所示。

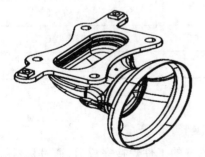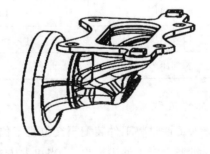

图 4-19　焊接结构简图

由于本工作站为变位双工位机，工件在焊接的同时可完成工件装夹，因此工件装夹辅助时间为 0，焊接工件总耗时为 8.3 min。按单班 8 小时计算，公式为 8×60 min/8.3 min＝57。该工作站能够完成工件上各条焊缝的弧焊焊接。

2. 技术指标

（1）工件尺寸：可按用户的工件大小设计。

（2）工件重量：可按用户要求设计。

（3）焊接速度：一般取 5～50 mm/s，根据焊缝大小来选定。

（4）机器人重复定位精度：±0.05 mm。

（5）移动机构重复定位精度：±0.1 mm。

（6）变位机重复定位精度：±0.1 mm。

（7）机器人螺柱焊接：设备一般包括焊接电源、自动退钉机、自动焊枪、机器人系统、相应的焊接软件及其他辅助设备等。

（8）焊接效率：5～8 个/分。

（9）螺钉规格：直径 2～8 mm。

（10）长度：10～40 mm。

3. 控制要求

（1）控制器和操作机采取有效的密封防尘技术，可用于多尘恶劣的环境；

（2）运行稳定、可靠，抗干扰能力强；

（3）采用作业预约方式，可实现多品种混合焊接；

（4）可在操作机的有效运行空间内任一点寻找原点；

（5）具有丰富的自诊断和多重超限保护功能，安全可靠；

（6）具有自动寻找引弧点、自动寻找焊缝、自动跟踪焊缝的功能。

4.4.2 信息收集

1. 弧焊机械系统外部环境

工业机器人自动化弧焊机械系统外部环境如表 4-10 所示。

表 4-10 外部环境

环境条件	工件条件	贮存、运输条件
环境温度	0～40 ℃	−40～55 ℃
相对温度	40%～90%	93%（40 ℃）
大气压力	88～106 kPa	

2. 工作流程

（1）人工通过将工件装配至交位机工位定位夹紧。

（2）机器人对工件进行焊接，当机器人对工位一的工件焊接完成后，通过机器人手臂放置姿态进行位置移动，使焊枪对工位二的工件进行弧焊。同时工位一的产品由人工取料，再将等弧焊的零部件装夹到位。机器人将工位二的工件弧焊完成后，再返回工位一焊接。双工位交替进行焊接，直到焊接任务结束。

了解生产工艺与需求后，从产品着手，进行工装夹具的设计，针对定位与压紧机构，进行气缸选型、结构设计。

4.4.3 工装夹具设计

1. 底部支承与定位

观察需要焊接的产品，外部均为曲面，考虑到焊接时需要受力问题及底部产品壁厚强度等,确定通过底部三个曲面定位与大盘口径端面封堵定位,如图 4-20、图 4-21 所示。

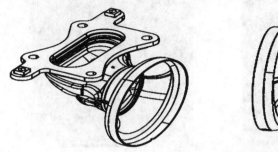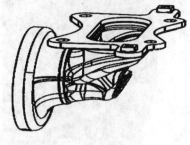

图 4-20 焊接组合图

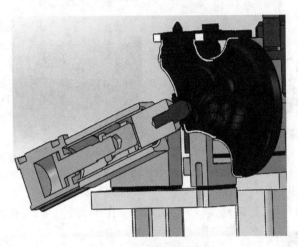

图 4-21 底部支承与定位

2. 侧支承与焊接连接板定位

侧支承与焊接连接板的高度定位与孔定位,如图 4-22 所示。

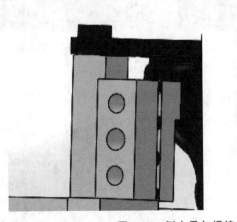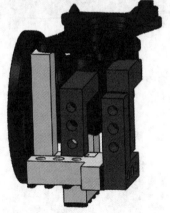

图 4-22 侧支承与焊接连接板定位

3. 端面定位

(1) 大盘端面定位。

大盘端面的选用材质、气缸选型、防尘处理。如图 4-23～图 4-25 所示。

图 4-23　端面定位

图 4-24　气缸布置

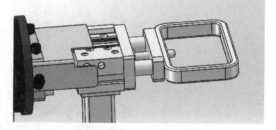

图 4-25　防尘设计

（2）焊接压板定位。

焊接压板的选用材质、气缸选型、防尘处理。如图 4-26、图 4-27 所示。

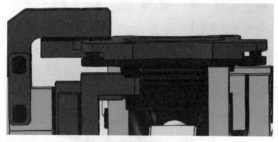

图 4-26　连杆装置

图 4-27　气缸布置与防尘设计

（3）工装夹具完善。

工装夹具的布置高度、平板台面及定位孔等，如图 4-28 所示。

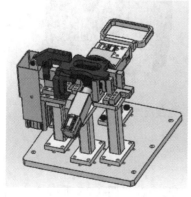
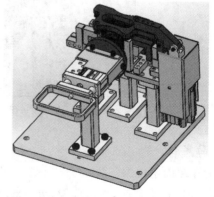

图 4-28　工装夹具 3D 图

4.4.4 变位器夹具设计

1. 变位器示意图

变位器按实际参数尺寸三维图展示,示意图如图 4-29 所示。

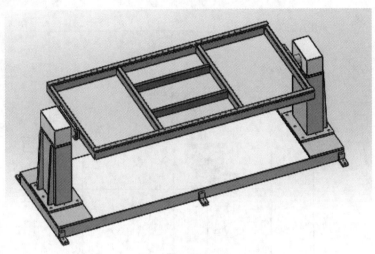

图 4-29 变位器夹具设计图

2. 变位器夹具设计

夹具设计按单轴双工位变位器的距离布置翻转夹具。将产品工装夹具居中放置,增加中间的横纵梁,如图 4-30 所示。

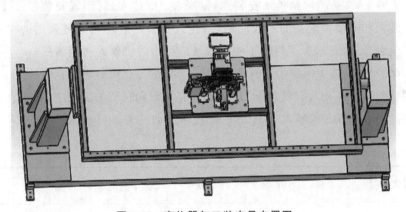

图 4-30 变位器与工装夹具布置图

4.4.5 工业机器人选型

根据有效负载与参数选型:ABB IRB 2600。

1. IRB 2600 介绍

ABB 机器人产品中 IRB 2600 是中型机器人。IRB 2600 家族包含三款子型号,荷重从 12 kg 到 20 kg,该家族产品旨在提高上下料、物料搬运、弧焊以及其他加工应用的生产力。

2. 主要特征及用途

(1) 全新的紧凑型设计：机器人的荷重可达 20 kg，并使其在物料搬运、上下料以及弧焊应用中的工作范围得到最优化(见图 4-31)。IRB 2600 具有同类产品中最高的精度及加速度，可确保高产量及低废品率，从而提高生产率。

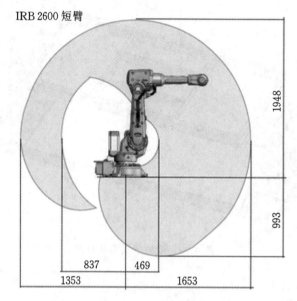

图 4-31　工作范围

(2) 灵活的安装方式：包括落地安装、斜置安装、壁挂安装、倒置安装以及支架安装，有助于减少占地面积及增加设备的有效应用，壁挂式安装的表现尤为显著。这些特点使工作站的设计更具创意，并且减少了各种工业领域及应用中的机器人占地面积。

(3) 三款子型号：其中两款为短臂型(臂长：1.65 m)，有效荷重分别为 12 kg、20 kg；一款为长臂型(臂长：1.85 m)，有效荷重为 12 kg。在拾取和包装的应用中，其垂直手腕的最高荷重可达到 27 kg。ABB 机器人 IRB 2600 的技术参数见表 4-11。

表 4-11　IRB 2600 技术参数表

机器人型号	工作范围	有效载荷	关节荷重	手臂荷重	底座荷重
IRB 2600 12 kg 1.65 m	1.65 m	12 kg	1 kg	15 kg	35 kg
IRB 2600 20 kg 1.65 m	1.65 m	20 kg	1 kg	10 kg	35 kg
IRB 2600 12 kg 1.85 m	1.85 m	12 kg	1 kg	10 kg	35 kg

根据实际负载与有效弧焊轨迹最大值，选用 IRB 2600 12 kg 1.65 m 型号的机器人进行生产力的加工应用，如图 4-32 所示。

图 4-32　ABB IRB 2600 机器人

4.4.6　弧焊机与清枪装置

1. 焊接系统 TPS 4000

奥地利福尼斯(Fronius)焊接系统中的 TPS 4000(见图 4-33)是全数字化控制的逆变电源，它的心脏是一片微电脑芯片(digital signal processing, DSP)，由它集中处理所有焊接数据以及控制和监测整个焊接过程。其控制精确、可靠，焊接性能卓越，焊接质量好。另外系统内置了智能化参数组合，采用一元化调节模式，并存有 80 组内存焊接专家程序，极大地简化了操作。TPS 焊机是一种全能设备，具有 MIG/MAG、TIG、手工焊和 MIG 钎焊等多种焊接功能，能胜任各种焊接任务，广泛用于碳钢、镀锌板、不锈钢的焊接，尤其适合铝合金的焊接。

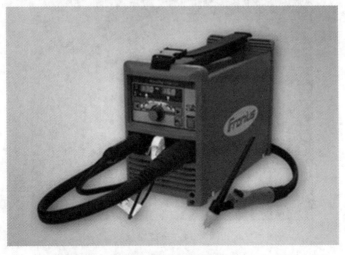

图 4-33　奥地利福尼斯焊接系统 TPS 4000

2. 焊机特点

(1) 内存 80 组焊接专家程序,实现了一元化调节,焊接时只需输入工件板厚度,极大地降低了工人素质要求,也方便了工人操作。

(2) 内设特殊的焊铝程序,解决了焊铝起弧处难熔合、焊后易形成弧坑和焊穿等问题。

(3) 具有电弧推力控制功能,实现全位置焊接。

(4) 具有输出过载、温升异常指示,自动停机保护。

(5) 具有焊丝回烧长度设定功能,焊丝端头无结球,便于下次引弧。

(6) 无飞溅引弧,自动回抽引弧,无飞溅。

(7) 设有气体检测、点动检测按钮,自动送气 30 s,以排清气路中的空气,防止焊接缺陷。

(8) 点动送丝、快速送丝,方便更换焊丝(该速度可单独设定)。

(9) 双驱动送丝,送丝更平稳。

(10) 外置送丝机重量轻(15 kg),移动方便,同中间加长连线配合,可焊接 30 m 范围内的工件。

(11) 数字显示焊接电流、焊接电压、电弧弧长、送丝速度、板厚、焊脚尺寸、焊接速度、JOB 记忆序号、马达电流等。

(12) 焊机逆变频率高达 100 kHz,远高于同类逆变焊机,保证输出频率更平稳,电弧更稳定。

(13) 焊机可升级,在不用更改任何硬件的情况下即可用电脑将焊机升级,升级内容包括增加特殊材料焊接程序、无飞溅引弧、双脉冲等,大大地减少了重复投资。

(14) 由于焊机大部分功能改由软件控制,因而减少了 40% 的电子元件数量,降低了焊机出故障率。

(15) 比同类逆变焊机节能 15%。

3. 桶装焊丝

桶装焊丝是一种流行的焊接材料,广泛应用于各种焊接领域。其中马拉松桶(见图 4-34)的特点如下。

图 4-34 马拉松桶

（1）无（低）合金钢、不锈钢、铝及 MAG 钎焊焊丝的桶装焊丝系统。Marathon Pac™桶装 MIG/MAG 焊丝是伊萨独特的八角硬纸桶装焊丝系统。独特的八角形设计，使用后可折叠，固定在托板上的设计比普通圆桶形包装大大节省了空间。没有任何金属拉手或吊环——所有部件均能回收利用，并可按标准废弃物分类处理。

（2）桶装系统包括碳钢焊丝、不锈钢焊丝、铝焊丝和铜合金焊丝，不同类型的桶身尺寸为各种不同的生产制造提供了选择——从小规模的作坊式生产，到大规模的生产制造；从手工焊接，到全自动或机器人焊接。

（3）包装附件齐全，操作高效，安装及使用便捷，从进场到工作站的物流成本节约为全球行业领先。

4. 马拉松桶的优势

下面将分三点来介绍马拉松桶的优势。

（1）减少 MIG/MAG 焊停工时间：采用马拉松桶装焊丝后，比使用 18 kg 装盘焊丝减少了约 95％的由焊丝盘更换造成的停工时间，这样，施焊时间更长，中断次数减少。

（2）降低不合格率，减少焊后清理工作：采用马拉松桶装焊丝后，极大程度上避免了因盘丝末端突然耗尽导致的工作无法完成，甚至造成质量不合格等情况。每一个桶装焊丝系统都采用了一种特殊的反射盘绕技术，确保送出焊丝的直度。这样更能保证整个工艺的稳定性，飞溅量更低，焊缝定位更加完美，因此降低了不合格率，减少了焊后清理工作。

（3）减少送丝装置的磨损：由于没有旋转的焊丝盘，并且对送出焊丝的直度有所保证，送丝系统的磨损也减少了。在导丝管、送丝轮等方面的成本也节约了许多。

如图 4-35 所示为梨形送丝锥。

图 4-35　梨形送丝锥

5. MIG/MAG 焊枪

为快速适应不断变化的焊接任务，于是在更换部位采用创新接口技术，气冷式 MIG/MAG 枪颈更换焊枪系统 WH/WH-PP 可允许整体枪颈的手动或自动更换。这意味着采用相同设计的焊枪可出于维护目的在数秒内完成枪颈更换，或者可根据需要，更换用于不同焊接位置的特殊几何形状的焊枪的枪颈。

导电嘴和喷嘴的更换以及 TCP 的监测可以在焊接单元的外部进行,从而提升了系统效率并减少了停机时间。图 4-36、图 4-37 所示为各种不同的机器人焊枪。

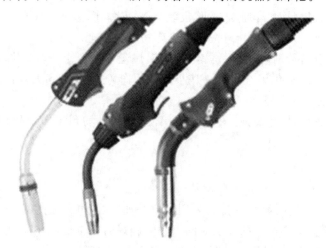

图 4-36　德国吉森 BINZEl MIG/MAG 焊枪

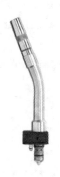

图 4-37　德国 MIG/MAG 机器人焊枪

6. MIG/MAG 工艺显著优势

①枪颈和易损件的快速更换提高了系统效率。②灵活适应不断变化的焊接任务。③也可作为推拉系统,用于精确送丝。④气冷式,高达 360 A。⑤自动化程度高。

7. 清枪装置

1) 清枪装置结构

(1) 德国宾采尔自动清枪喷油装置(见图 4-38)。德国宾采尔自动清枪喷油装置由机器人联动控制,按程序设定定时清理焊枪喷嘴内焊接飞溅物,并向喷嘴内部喷射硅油,避免焊接时飞溅物的牢固粘附,整体保证机器人系统长时间连续无监视运转。清枪装置模型如图 4-39 所示。

(2) BRS-CC 焊枪清洗机。BRS-CC 焊枪清洗机安装迅速且方便,称得上是"即插即用"。BRS-CC 清洗机结构紧凑,可靠性高。同一个清洗机中集成了三个系统,增加了车间中的可用空间。还有其他许多特性(如安装座和接屑盘)使安装成本得以节省。

2) 产品特点

(1) 焊枪清洗机:①能够精确和高效地为大部分机器人焊枪清渣。②成熟和可靠的剪切装置,同时也适合焊渣飞溅严重的场合。③气体喷嘴的三点夹持确保清渣过程中焊枪被夹紧。

 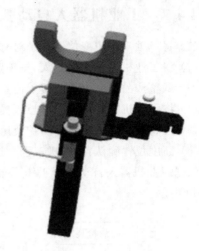

图 4-38　德国宾采尔自动清枪喷油装置　　　　图 4-39　清枪装置模型

（2）TMS-VI 喷化器：①喷防溅液可以减少焊渣的附着，降低维护频率。②采用了密封的喷头和残余脏油接油盘，不会污染环境。③残油处理简单，防溅液添加方便（换瓶即可）。

（3）DAV 焊丝剪断装置：①夹持和剪切动作结合，保证精确剪丝，起弧性能佳，精确测量 TCP。②结构坚固，持久耐用。

3）技术参数

清枪装置技术参数见表 4-12。

表 4-12　清枪装置技术参数

重量：约 16 kg	电流消耗：约 4 mA（24 V）
环境温度：5～50 ℃	电压降：约 1.2 V（200 mA）
气动接头：集成块	清洗机
进气口接头：G1/4	气动电机（额定转速）
进气管内径：至少 6 mm	带润滑空气：约 650 r/min
额定压力：6 bar	无润滑空气：约 550 r/min
工作压力：6～8 bar	压缩空气耗气量：约 380 L/min
电气-端子排	喷油器
4 个两位五通单电控电磁阀	油瓶容量：1 L
控制电压：24 V DC	焊丝剪断装置
功率：4.5 W	剪丝率（6 kPa 的压力时）
1 个感应式接近开关（PNP）	实心焊丝：高达 1.6 mm
工作电压：10～30 V DC	药芯焊丝：高达 3.2 mm
允许最小驻波系数：Vss<10%	剪丝时间：0.5 s
持续电流：最大 200 mA	

4.4.7 工业机器人自动弧焊工作站布局

(1) 将单轴双工位变位器系统对称布置,居中 2000 mm;

(2) 将工业机器人底座放入,按工业机器人运行底座中心,画出有效行程范围;

(3) 调整产品工装夹具的覆盖位置,将单轴双工位变位器整体位置微调;

(4) 将弧焊机、清枪装置、马拉松桶、操作按钮等按位置摆放(预留出位置即可);

(5) 按布置位置进行安全防护及房面的地面尺寸规划;

(6) 高度位置确认:按人机工程学进行高度、旋转角度等方面的考虑。

依据工业机器人自动弧焊工作部布局展开设计,工业机器人自动弧焊 3D 工作站布置如图 4-40 所示。

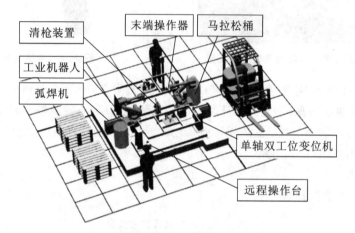

图 4-40 工业机器人自动弧焊 3D 工作站布置

4.4.8 工业机器人焊枪设计

(1) 考虑焊枪的外形固定设计,模拟人手抓取。

(2) 与工业机器人 6 轴的法兰连接设计模型,见图 4-41 所示。

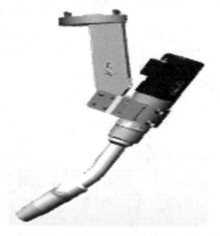

图 4-41 工业机器人焊枪夹具设计

◀ 4.5 案 例 介 绍 ▶

4.5.1 燃气灶项目背景概述

燃气灶(图 4-42)是指以液化石油气、人工煤气、天然气等燃料进行直火加热的厨房用具。燃气灶又叫炉盘。燃气灶在工作时,燃气从进气管进入灶内,经过燃气阀的调节(使用者通过旋钮进行调节)进入炉头中,同时混合一部分空气(这部分空气被称为一次空气),这些混合气体从分火器的火孔中喷出,同时被点火装置点燃形成火焰(燃烧时所需的空气被称为二次空气),这些火焰被用来加热置于支架上的炊具。

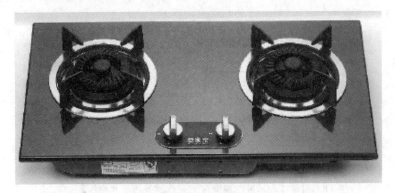

图 4-42 燃气灶

1. 燃气灶的组成

家用燃气灶一般由供气系统、燃烧系统、控制系统、点火系统以及其他部件组成。

(1) 供气系统。

燃气灶的供气系统(见图 4-43)包括燃气进气管、进气管接头、导气管组成的燃气输送管路和燃气阀等,它们的气密性要求很严格。

(a) 进气管

(b) 进气管接头

(c) 导气管

图 4-43 供气系统

燃气阀(见图 4-44)是控制燃气的开闭以及流量的"电气开关",多数采用铝合金通过压铸工艺制造,无气孔、夹杂,强度高,耐用性好,对气密性要求也很高。

(2) 燃烧系统。

燃烧系统主要指燃烧器(见图 4-45),它由喷嘴、调风板、引射器、炉头、火盖等组成。燃气从喷嘴喷出,经过引射器的引射作用把周围的空气引入引射器内进行充分混合;调风板的

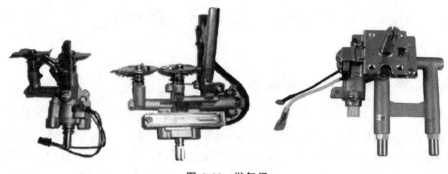

图 4-44　燃气阀

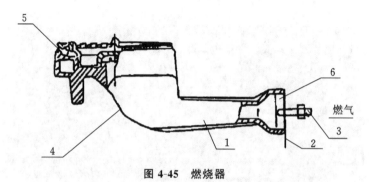

图 4-45　燃烧器

注：1.引射器；2.调风板；3.喷嘴；4.炉头；5.火盖；6.一次空气进风口。

作用是通过调节风门的大小来改变一次空气进入的多少，以改善火焰状态，从而获得良好的燃烧工况。

按一次空气混合比例不同，燃烧分为扩散式燃烧、大气式燃烧、完全预混式燃烧。

扩散式燃烧：由火孔喷出的燃气因扩散作用和空气中的氧气进行反应。（燃烧稳定，但不完全，温度低）

大气式燃烧：燃气在一定压力下以一定速度从喷嘴喷出，依靠气体动能产生的引射作用从一次空气进风口吸入一次空气，并与一次空气在引射器内混合，然后经分火器的火孔流出进行燃烧。

完全预混式燃烧：燃气燃烧所需要的空气全部依靠燃气的引射作用从一次空气进风口吸入，并进行预混，不需要二次空气，过剩空气系数 α 为 $1.03\sim1.06$。（燃烧完全，效率高，温度高，对于配件的要求高）

（3）控制系统。

控制系统主要指熄火安全保护装置和定时熄火装置，它们主要对燃气灶的使用起安全保护作用。

熄火安全保护装置的作用：在燃气燃烧过程中，火焰意外熄灭时，该装置可以自动切断气源以确保使用安全。如当火焰被意外淋灭时，熄火安全保护装置会由于感热元件温度下降或电势下降而使执行机构迅速复位，切断气源，避免燃气漏出，从而起到安全保护的作用。熄火安全保护装置有双金属片式、离子式（见图 4-46）、热电偶式（见图 4-47）和火焰导电式等类别。

图 4-46 离子式熄火安全保护装置

图 4-47 热电偶式熄火安全保护装置

（4）点火系统。

燃气灶的点火系统主要指点火器。燃气灶除了使用火柴或点火棒进行人工点火外，目前国内大都实行压电陶瓷点火（电子点火）（见图 4-48）和脉冲连续点火（简称脉冲点火）。

① 电子点火。

电子点火是目前使用广泛的一种点火方式，它具有点火率高、方便、廉价、结构紧凑等优点。一个电子点火器大约可以连续点火 3.5 万次，通常情况下，使用寿命可达 10 年以上。电子点火器耐热、耐湿性能好，不需要电源，点火方便，但较难点燃，因为每点火一次，点火器只产生一个电火花。

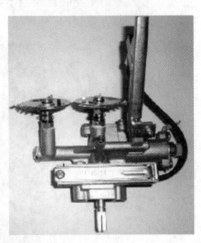

图 4-48 电子点火

电子点火器工作原理：用手按压并转动手柄打火时，带动撞锤机构的拨叉动作，在弹簧力的作用下，撞锤击压电陶瓷的端面，机械能转化成电能，产生 10000 V 以上的瞬间高压。通过高压导线和连接的电极，在距离 4～5 mm 的电极间产生电火花，电火花将旁边喷嘴喷出的燃气点燃。电子点火器不需要电源，易将液化石油气、丙烷、丁烷等气体点燃，打火快捷方便，受到广大用户的欢迎。

② 脉冲点火。

脉冲点火器是一种新型的点火装置，一般采用电池作为电源，使用起来快速、可靠，稳定性高。只要一接通微动开关，即可产生一连串的电火花，点火率可达100%。目前，很多厂家在燃气灶上使用此种点火器，也有将熄火保护控制功能装入点火器，称为"点火控制器"，使点火器同时具有打火和熄火保护功能。

2. 燃气灶的工作过程

（1）点火：旋转旋钮，点火器通电，点火针发出火花。同时，电磁阀也通电打开，燃气开始进入供气管。

（2）一次混合：进入供气管的燃气经过喷嘴高速喷出，在一次空气进风口附近卷吸一次空气，在引射器内进行混合。

（3）点燃：混合好的气体经过炉头、分火器均匀地从火盖的火孔喷出，遇到点火针发出的火花开始燃烧。

（4）完全燃烧：在燃烧的同时，未燃烧完全的燃气再次与火盖周围的空气进行混合，以达到充分燃烧的效果。

4.5.2 阀体装配项目立项

1. 项目开发背景

某厂家燃气灶订单量占市场总订单量的70%,且市场需求稳定。然而,当前工艺需要作业员手工完成(见图4-49),因产能需求高,需使用大量的员工进行作业。这样的生产方式会存在以下问题:①人工成本越来越高,甚至常常不能找到足够的操作员工来满足营运目标;②对于所有产品的制程,操作工人需要全面培训,日常生产管理经常被新员工培训影响;③操作工人的情绪变化以及技术熟练程度的不同,导致产品品质很难保持一致,从而降低良率,增加成本,吞噬利润。

图 4-49 阀体组装现场环境

综合以上问题,该厂家打算使用自动化组装取代传统的手工装配。通过前期的调研,该厂家发现自动化组装的瓶颈主要在于燃气灶点火总成的工序自动化程度,本项目想依托非标自动化开发提供技术支持,对燃气灶点火总成项目进行改造。

2. 项目开发的重要性和必要性

(1)项目涉及领域的国际、国内发展趋势。自动化改造的主要内容是通过自动机构和控制系统,使用机器人代替人实现自动上下料,从而提高产品质量和产量。国外一些国家已经大量使用这种系统,国内才刚刚起步。

(2)项目建设的重要性、必要性、可行性及市场前景分析。随着社会的发展,劳动力成本越来越高,同时,人的情绪化也造成了产品质量不稳定。

(3)项目建设的意义。降低人工成本,提高产品质量,有利于扩大再生产。

3. 项目开发预期目标

①节省人力成本(节省组装人力22人/班);②提升效率(效率不会因作业人员减少存在降低风险);③提升品质(全自动化生产,减少人工加工时的品质变异);④节省材料成本(每个综合材料成本节省0.124元)。

4.5.3 阀体装配现场信息采集

现场人机料法环分析。

(1) 人:"人"是生产管理中最大的难点,也是目前所有管理理论中讨论的重点(见表 4-13)。围绕着"人"的因素,不同的企业有不同的管理方法。

表 4-13 "人"信息因素

分类		重点信息	内容
人	作业安排	轮班制度	两班
	人力配置	岗位人数	单线,每班 12 人
	工作时长	日工作时间、月工作时间	每班 8 小时
	人力成本	底薪和加班费	

(2) 机:"机"是指生产中所使用的设备、工具等辅助生产用具(见表 4-14)。生产中,设备是否正常运作、工具的好坏都是影响生产进度、产品质量的重要因素。一个企业要发展,除了人的素质要有所提高,企业外部形象要提升,公司内部的设备也要更新。好的设备能提高生产效率,提高产品质量。如过去的手锯改变为现在的机器锯,效率提升了几十倍。原来速度慢,效率低,人的体力还要接受很大考验。现在,人轻松了,效率也提高了。所以说,工业化生产,更新设备是提升生产效率的有力途径。

表 4-14 "机"信息因素

分类		重点信息	内容
机	生产设备信息	设备名称、型号、厂家、尺寸、照片	线体尺寸、非标装置、气动
	辅助设备信息	栈板尺寸、物料中转设备、辅助设备照片	
	环境参数	水、电、气	电源 220 V,气压 0.7 MPa

气动起子(见图 4-50)是用压缩空气作为动力来运行的。有的装有调节和限制扭矩的装置,称为全自动可调节扭力式气动起子(简称全自动气动起子);有的无调节装置,只是用开关旋钮调节进气量的大小以控制转速或扭力的大小,称为半自动不可调节扭力式气动起子(简称半自动气动起子)。气动起子主要用于各种装配作业,由气动马达、捶打式装置或减速装置几大部分组成。由于它的速度快、效率高、温升小,已经成为组装行业必不可缺的工具。

图 4-50 气动起子

气动起子技术性能:①工作气压:7.0 kg/cm² 或 8.0 kg/cm²;②空载转速:400 r/min、800 r/min、1200 r/min;③输出扭矩:0.1~1 N·m;④适用螺钉:M1.5~M2.5;⑤空转噪声:50 dB(A);⑥外形尺寸:32 mm×205 mm;⑦配用刀头:2 mm;⑧重量:0.36 kg。

皮带流水线(见图 4-51)可以通过调节皮带输送速度来满足不同生产工艺的要求。皮带的材质具有防静电、耐磨、耐高温、耐油、耐酸碱等特点。皮带流水线利用皮带的连续或间歇运动来输送各种轻重不同的物品,既可输送各种散料,也可输送各种纸箱、包装袋等单件重量不大的件货,用途广泛。根据生产作业的要求,可选用普通连续运行、节拍运行、变速运行等控制方式;皮带形式因地制宜选用直线、弯道、斜坡等形式。

图 4-51 皮带流水线

皮带流水线技术性能:①皮带速度:1.5~6 m/min;②皮带材料与厚度:PVC 材料,3 mm厚;③电机电源:单相 220 V,50 Hz;④皮带宽度:400 mm;⑤皮带高度:750 mm。

差压型气密检测仪(见图 4-52)采用高感度差压传感器,与传统直压型气密检测仪相比,其测试精度更高;采用大通径气控阀,具有充气速度快、密封性好、不发热、使用寿命长等优点。该仪器具有智能测试功能,可根据差压型气密检测仪的使用特点,通过学习修正功能,有效消除温度、变形带来的误差,实现短时间精度测量,大幅提升测试效率。

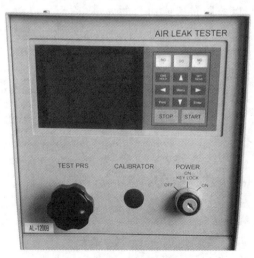

图 4-52 差压型气密检测仪

差压型气密检测仪参数见表 4-15。

表 4-15 差压型气密检测仪参数

仪器参数		参数内容
差压传感器	精度	±0.5%FS
	显示范围	±999 Pa
	分辨率	1 Pa
	传感器范围	±2500 Pa
	传感器耐压	2 MPa
测试时间	设定范围	0～999.9 s(延时、加压、平衡、检测、排气)
	分辨率	0.1 s
先导压力		400～600 kPa(洁净、干燥、不具有腐蚀性的气体)
显示屏幕		5.1 英寸液晶屏幕
曲线显示		时间-泄漏曲线
输入端子		8 路
输出端子		8 路,RS232,DC 24 V,4～20 mA(选配)
气泡功能		持续充气,用于漏点检测
组别设定		99 组可独立设定参数
判定限设置		压力判定、测试结果判定
清零、学习功能		消除测试零件因温度、变形等引起的误差
重量		约 13 kg
工作温度		5～40 ℃
相对湿度		≤85%RH(无结露)
气源		稳定、洁净、干燥、不具有腐蚀性的气体,露点温度≤−25 ℃
电源		AC 100～240 V,50 Hz
外形尺寸		360 mm×270 mm×250 mm($L×W×H$)

（3）料："料"是指半成品、配件、原料等产品用料（见表 4-16）。现在工业产品生产分工细化,一般都有几种甚至几十种配件,需要多个部门同时运作。当某一配件未完成时,整个产品都不能组装,导致装配工序停工待料。

表 4-16　"料"信息因素

分类		重点信息	内容
料	来料信息	来料的一致性、来料方式	半成品材料,胶框存储
	产品重量	成品重量	110 g
	产品分类	产品系列、产品料号	Q636.02M
	产品数据	3D图档、照片、材料	客户已提供
	物料中转	栈板信息、堆料方式	吸塑盘

物料信息如下。

① 名称:阀本体(见图 4-53);数量:1 PCS;料号:Q636.02M.01-01;材料:铝。

图 4-53　阀本体

② 名称:外环喷嘴(见图 4-54);数量:1 PCS;料号:Q636.02M-14;材料:铜。

图 4-54　外环喷嘴

③ 名称:中心喷嘴(见图 4-55);数量:1 PCS;料号:Q636.02M-18;材料:铜。

图 4-55　中心喷嘴

④ 名称:阀芯(见图 4-56);数量:1 PCS;料号:Q636.02M-04;材料:铜。

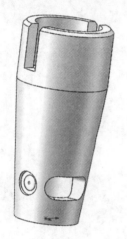

图 4-56　阀芯

⑤名称:阀上盖(见图 4-57);数量:1 PCS;料号:Q636.02M-12;材料:铝。

图 4-57　阀上盖

⑥ 名称:阀下盖(见图 4-58);数量:1 PCS;料号:Q636.02M-02;材料:铝。

图 4-58 阀下盖

⑦ 名称：调风板与调风定位板（见图 4-59）；数量：1 PCS；调风板料号：Q636.02M-16；调风定位板料号：Q636.02M-17；材料：铜。

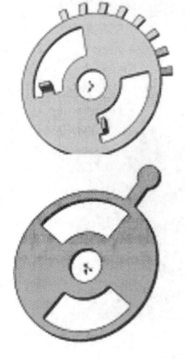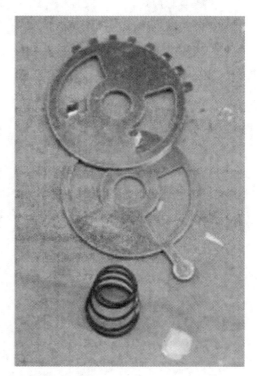

图 4-59 调风板与调风定位板

（4）法："法"指生产过程中所需遵循的规章制度（见表 4-17）。它包括工艺指导书、标准工序指引、生产图纸、生产计划表、产品作业标准、检验标准和各种操作规程等。

表 4-17 "法"信息因素

分类		重点信息	内容
法	标准作业程序	提供标准作业程序指导书	客户可以提供
	工艺流程	提供工艺流程文件	客户可以提供
	产品质量检验	提供产品质量检验文件	客户可以提供
	生产过程录像	采集现场生产视频	允许现场拍照

阀体总装工艺见表 4-18～表 4-29。

表 4-18 阀体总装工艺——压钢珠

阀体总装工艺

文件号	TG(F)-003-024
版本号	A
修改号	B
工序名	压钢珠
工序号	1
产品名称	家用燃气灶具旋塞阀
产品图号	Q636.02M
部门	阀体车间
工段	总装
设备	流水线
工装	钢珠压入工装
辅助	
每班产量	
工序工时	
工位器具	

使用零部件

序号	零部件名称	零部件图号（规格，标准号）	数量
1	阀体	Q636.02M.01-01	1
2	钢珠	无图号	1
3			
4			

操作规范

序号	项目	内容	自检部位	检测方法（工具）
1	阀本体放入工装	将阀本体固定在工装上	放入前检查阀本体有无不良	目视
2	滑下钢珠	迅速按动按钮 2 并复位，使钢珠迅速从料斗中滑落到 3 阀本体钢珠孔位处，且保证每次仅一个钢珠滑落下来	手柄提起，钢珠应滑入孔位	目视
3	钢珠压入	下压手臂 1，使钢珠压入到钢珠孔位内	钢珠应压入与孔位面持平	目视
4	下转	自检合格，进入下道工序		
5				

表 4-19　阀体总装工艺——装 M8 螺钉

阀体总装工艺

文件号	TG（F）-003-025
版本号	A
修改号	B
工序名	装 M8 螺钉
工序号	2
产品名称	家用燃气灶具旋塞阀
产品图号	Q636.02M
部门	阀体车间
工段	总装
设备	流水线
工装	扭力电批
辅助	704 硅胶
每班产量	
工序工时	
工位器具	

使用零部件			
序号	零部件名称	零部件图号（规格、标准号）	数量
1	阀本体	Q636.02M.01-01	1
2	M8×1×6 十字槽盘头螺钉	无图号	1
3			
4			

M8×1×6 十字槽盘头螺钉

操作规范

序号	项目	内容	自检部位	检测方法（工具）
1	旋入螺钉	将上道工序的阀本体旋入 M8 螺钉	螺钉旋入一个牙	目视
2	涂胶	将适量 704 硅胶沿螺钉螺纹表面均匀涂抹约 3/4 圈	涂胶是否到位	目视
3	紧固	用扭力电批调整适合扭力，将 M8 螺钉紧固在阀本体上	硅胶溢出均匀，环绕螺钉一圈	目视
4	下转	自检合格，进入下道工序		
5				

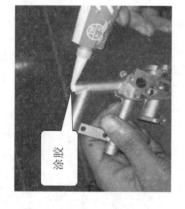

涂胶

表 4-20 阀体总装工艺——装微动开关

阀体总装工艺

文件号	TG(F)-003-026
版本号	A
修改号	B
工序名	装微动开关
工序号	3
产品名称	家用燃气灶具旋塞阀
产品图号	Q636.02M
部门	阀体车间
工段	总装
设备	流水线
工装	固定板夹具
辅助	扭力电批
每班产量	
工序工时	
工位器具	

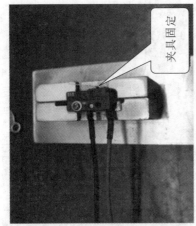
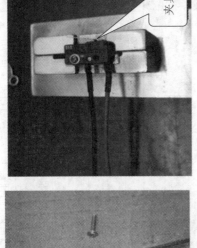

夹具固定

微动开关固定板、微动开关、M2×10十字槽盘头螺钉(自带平垫)

使用零部件

序号	零部件名称	零部件图号 (规格、标准号)	数量
1	M2×10十字槽盘头螺钉(自带平垫)	GB/T 9074.3-88	1
2	微动开关	Q636.02M.03	1
3	微动开关固定板	Q636.02M-08	1
4			

操作规范

序号	项目	内容	自检部位	检测方法 (工具)
1	零件固定	将微动开关固定板固定在夹具上,微动开关放在固定板上	固定板与微动开关相对位置	目视
2	紧固	将微动开关和固定板相对固定	螺钉必须紧固目不滑牙	目视
3	下转	自检合格,进入下道工序	相对位置	目视
4				
5				

表 4-21 阀体总装工艺——装阀杆组件

文件号	TG(F)-003-027
版本号	A
修改号	B
工序名	装阀杆组件
工序图号	4
产品名称	家用燃气灶具旋塞阀
产品图号	Q636.02M
部门	阀体车间
工段	总装
设备	流水线
工装	开口挡圈工装
辅助	0号通用锂基润滑脂（黄油）
每班产量	
工序工时	
工位器具	

使用零部件

序号	零部件名称	零部件图号（规格、标准号）	数量
1	阀杆	Q636.02M-13	1
2	微调开关	Q636.02M.03	1
3	阀杆锥弹簧	Q636.02M-09	1
4	定位环	Q636.02M-10	1
5	启动压板	Q636.02M-11	1
6	开口挡圈	GB 896-2020	1

阀体总装工艺

放入开口挡圈

压紧

0号通用锂基润滑脂（黄油）

涂上0号通用锂基润滑脂（黄油）

放入组装件

定位环、阀杆锥弹簧、开口挡圈、阀杆、启动压板、微动开关组件

操作规范

序号	项目	内容	自检部位	检测方法（工具）
1	零件组装	将微动开关固定板、阀杆锥弹簧、定位环、启动压板依次穿在阀杆上	定位环相对位置	目视
2	开口挡圈固定	将开口挡圈放入开口挡圈压入工装上	开口挡圈是否合格	目视
3	放入组装零件	将组装好的零件放在工装上	放在限位槽上	目视
4	压入	将开口挡圈压入阀杆的限位槽内，阀杆锥弹簧涂上0号通用锂基润滑脂（黄油）	0号通用锂基润滑脂（黄油）均匀润滑	目视
5	下转	自检合格，进入下道工序	各零件相对位置	目视
6				

表 4-22 阀体总装工艺——装内外环喷嘴

阀体总装工艺

文件号	TG(F)-003-028
版本号	A
修改号	B
工序名	装内外环喷嘴
工序号	5
产品名称	家用燃气灶具旋塞阀
产品图号	Q636.02M
部门	阀体车间
工段	总装
设备	流水线
工装	喷嘴工装
辅助	704 硅胶、扭力电批
每班产量	
工序工时	
工位器具	

中心喷嘴　外环喷嘴　零件
涂胶　夹具固定　硅胶溢出均匀　紧固

操作规范

序号	项目	内容
1	夹具固定	将阀本体固定在喷嘴工装上
2	涂胶	将喷嘴从避空位开始至螺纹表面涂至 704 硅胶约 3/4 圈,并依次旋入进气管螺纹孔两个牙以上
3	紧固	将喷嘴紧固
4	下转	自检合格,进入下道工序
5		

自检部位	检测方法(工具)
看是否压钢珠孔	目视
涂胶均匀	目视
硅胶溢出均匀	目视

使用零部件

序号	零部件名称	零部件图号(规格、标准号)	数量
1	中心喷嘴	Q636.02M-18	1
2	外环喷嘴	Q636.02M-14	1
3	阀本体	Q636.02M.01-01	1
4			

表 4-23 阀体总装工艺——装阀芯组件

阀体总装工艺

文件号	TG(F)-003-029
版本号	A
修改号	B
工序名	装阀芯组件
工序号	6
产品名称	家用燃气灶具旋塞阀
产品图号	Q636.02M
部门	阀体车间
工段	总装
设备	流水线
工装	二硫化钼涂油工装
辅助	二硫化钼，0号通用锂基润滑脂（黄油）
每班产量	
工序工时	
工位器具	

使用零部件

序号	零部件名称	零部件图号（规格、标准号）	数量
1	顶杆	Q636.02M-05	1
2	顶杆锥弹簧	无图号	1
3	垫圈	Q636.02M-06	1
4	O形密封圈	无图号	1
5	阀芯	Q636.02M-04	1

装入阀本体　涂二硫化钼　阀芯零件组装　顶杆、垫圈、O形密封圈、顶杆锥弹簧

操作规范

序号	项目	内容	自检部位	检测方法（工具）
1	装零件	用专用压杆，将O形密封圈压入阀芯上部的内孔中；在顶杆上涂上适量0号通用锂基润滑脂（黄油）；将顶杆锥弹簧、垫圈依次装入顶杆，然后装入阀芯内孔	零件相对位置正确	目视
2	按气管组装	将阀芯组件轻轻压在二硫化钼涂料器上，均匀涂抹一层二硫化钼，将组件放入阀体锥孔中	阀芯微孔是否堵塞，相对位置	目视
3	下转	自检合格，进入下道工序		
4				
5				

表 4-24 阀体总装工艺——装阀上盖

阀体总装工艺

文件号	TG(F)-003-030
版本号	A
修改号	B
工序名	装阀上盖
工序号	7
产品名称	家用燃气灶具旋塞阀
产品图号	Q636.02M
部门	阀体车间
工段	总装
设备	流水线
工装	阀上盖工装
辅助	扭力电批
每班产量	
工序工时	
工位器具	

使用零部件

序号	零部件名称	零部件图号（规格、标准号）	数量
1	阀本体	Q636.02M.01-01	1
2	阀上盖	Q636.02M-12	1
3	M3×12十字槽盘头螺钉（自带平垫）	GB/T 9074.3-88	2
4			

操作规范

序号	项目	内容	自检部位	检测方法（工具）
1	工装固定	将阀本体固定在阀上盖工装上	阀体是否漏工序	目视
2	紧固	把阀上盖套入阀杆组件中；将组件放在阀本体维孔上，用 M3×12 螺钉将阀上盖固定在阀本体上	螺钉不能打滑	目视
3	下转	自检合格，进入下道工序	旋转阀杆是否阻塞	手感
4				
5				

工装固定　　阀上盖组件　　螺钉　　紧固

表4-25 阀体总装工艺——装阀下盖

阀体总装工艺

阀下盖、异型密封圈、杠杆、M4×10十字槽盘头螺钉(自带平垫)、M4×4十字槽盘头螺钉(自带弹垫)

异型密封圈涂0号通用锂基润滑脂(黄油)

工装固定

M4×4螺钉涂胶紧固

放入杠杆

黑线引接在螺钉上

紧固

文件号	TG(F)-003-031
版本号	A
修改号	B
工序名	装阀下盖
工序号	8
产品名称	家用燃气灶具旋塞阀
产品图号	Q636.02M
部门	阀体车间
工段	总装
设备	流水线
工装	阀下盖工装
辅助	0号通用锂基润滑脂(黄油)、704硅胶、扭力电批
每班产量	
工序工时	
工位器具	

使用零部件

序号	零部件名称	零部件图号(规格、标准号)	数量
1	阀下盖	Q636.02M-02	1
2	异型密封圈	无图号	1
3	杠杆	Q636.02M-01	1
4	M4×4十字槽盘头螺钉(自带弹垫)	GB/T 9074.3-88	1
5	M4×10十字槽盘头螺钉(自带平垫)	GB/T 9074.3-88	2

序号	项目	操作规范 内容	自检部位	检测方法(工具)
1	阀下盖准备	将涂有0号通用锂基润滑脂(黄油)的异型密封圈放入阀下盖	异型密封圈是否不良,阀下盖面是否平整,异型密封圈上部是否有铝屑	目视
2	密封	将M4×4螺钉涂704硅胶后紧固在阀本体上	硅胶是否均匀涂在螺纹上	目视
3	装杠杆	将杠杆放置在阀本体上	杠杆是否合格	目视
4	紧固	将放好异型密封圈的阀下盖放置在阀本体上,右端黑线引接在M4×10螺钉上并紧固,再紧固左端M4×10螺钉	引线是否为黑色	目视
5	下转	自检合格,进入下道工序		

表 4-26　阀体总装工艺——装电磁阀

文件号	TG(F)-003-032
版本号	A
修改号	B
工序名	装电磁阀
工序号	9
产品名称	家用燃气灶具旋塞阀
产品图号	Q636.02M
部门	阀体车间
工段	总装
设备	流水线
工装	
辅助	扭力电批
每班产量	
工序工时	
工位器具	

阀体总装工艺

序号	项目	内容	操作规范	自检部位	检测方法（工具）
1	电磁阀装密封圈	将密封圈套在密封位		电磁阀是否干净、堵头面无微粒	目视
2	放入阀本体紧固	将套上密封圈的电磁阀放入阀本体，并紧固 M4×8 螺钉，放入风门锥弹簧		是否密封压紧	目视
3	下转	自检合格，进入下道工序			
4					
5					

使用零部件

序号	零部件名称	零部件图号（规格、标准号）	数量
1	单线圈电磁阀	Q636.02M.02	1
2	阀体	Q636.02M.01-01	1
3	M4×8 十字槽盘头螺钉（自带平垫）	GB/T 9074.3-88	2
4	风门锥弹簧	Q636.02M-15	2

表 4-27　阀体总装工艺——装调风板

文件号	TG(F)-003-033
版本号	A
修改号	B
工序名	装调风板
工序号	10
产品名称	家用燃气灶具旋塞阀
产品图号	Q636.02M
部门	阀体车间
工段	总装
设备	流水线
工装	
辅助	
每班产量	
工序工时	
工位器具	尖嘴钳

阀体总装工艺

尖嘴钳、调风定位板、凤门推准簧、钢丝卡圈　装弹簧　压入卡圈　完成　调风定位板在上，调风板在下

使用零部件

序号	零部件名称	零部件图号（规格、标准号）	数量
1	调风板	Q636.02M-16	2
2	调风定位板	Q636.02M-17	2
3	钢丝卡圈	挡圈 6.5 GB 895.2-86	2
4			

操作规范

序号	项目	内容	自检部位	检测方法（工具）
1	准备	依次放好调风板、调风定位板	调风定位板在上，调风板在下	目视
2	压入	分别将组合件放入喷嘴并压入钢丝卡圈	钢丝卡圈完全卡入限位槽内	目视
3	下转	自检合格，进入下道工序		
4				
5				

表 4-28 阀体总装工艺——气密检测

阀体总装工艺

文件号	TG(F)-003-034
版本号	A
修改号	B
工序名	气密检测
工序号	11
产品名称	家用燃气灶具旋塞阀
产品图号	Q636.02M
部门	阀体车间
工段	总装
设备	流水线、气密检测工装
工装	气密检测仪
辅助	
每班产量	
工序工时	
工位器具	

使用零部件

序号	零部件名称	零部件图号 (规格（标准号）)	数量
1	阀体部件	Q636.02M	1
2			
3			
4			

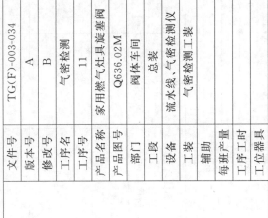

气密检测仪

气密检测工装

操作规范

序号	项目	内容	自检部位	检测方法 (工具)
1	工装夹紧	将阀体组件固定在气密检测台上	阀杆旋到闭阀状态	目视
2	1 道阀	下压阀杆（打开电磁阀），检测阀芯气密性，泄漏量要求≤0.4 mL/min(8 kPa 压力下)	气密检测仪数显	目视
3	2 道阀	把阀杆旋到"最大火"位置，检测电磁阀气密性，泄漏量要求≤0.7 mL/min(8 kPa 压力下)	气密检测仪数显	目视
4	3 道阀	堵塞喷嘴，检测整个阀体泄漏量，泄漏量要求≤0.7 mL/min(8 kPa 压力下)	气密检测仪数显	目视
5	下转	自检合格，进入下道工序	有无漏打螺钉	目视

表 4-29 阀体总装工艺——试火

阀体总装工艺

文件号	TG(F)-003-035
版本号	A
修改号	B
工序名	试火
工序号	12
产品名称	家用燃气灶具旋塞阀
产品图号	Q636.02M
部门	阀体车间
工段	总装
设备	流水线
工装	试火工装
辅助	红漆、喷嘴参数贴纸
每班产量	
工序工时	
工位器具	

（图示标注：贴喷嘴参数贴纸、装箱、喷嘴参数贴纸、红色引线、试火、火焰、气源开关、制动开关、夹具固定、点漆）

使用零部件

序号	零部件名称	零部件图号（规格、标准号）	数量
1	阀体部件	Q636.02M	1
2			
3			
4			

操作规范

序号	项目	内容	自检部位	检测方法（工具）
1	夹具固定	将阀体固定在试火工装上	确保阀体放置到位	目视
2	准备	启动制动开关压紧调风板，开气源，接上电源	确保所有器件正常	目视
3	试火	下压，旋转，此时连续放电，并点着火，检测火焰燃烧状况；大火状态松开手，此时不放电；调节到小火，检测火焰燃烧状况，下压也不放电	无断火（熄阀）、无黄焰	目视
4	点漆	自检合格，在调风板上贴喷嘴参数贴纸，在阀上盖、阀下盖螺钉上涂上红色油漆	参数与实物对应	目视
5	包装	装箱入库	每层固定数量	目视

4.5.4 阀体装配工艺分析

1. 工艺流程图

阀体装配工艺流程图如图 4-60 所示。

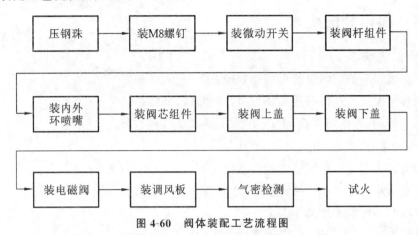

图 4-60 阀体装配工艺流程图

2. 质量标准

（1）阀本体良好：①阀本体下盖面平整，孔位边缘无凸起或者凹陷；②电磁阀底孔已铣削、无砂眼、面光滑；③喷嘴口处、气管处无砂眼；④阀本体无明显缺料。

（2）钢珠压入工装技术要求：①钢珠完全压入到钢珠孔内；②在按压按钮时，要迅速，且快速复位。

（3）装 M8 螺钉技术要求：①螺钉螺纹表面涂胶约 3/4 圈且均匀；②涂胶不宜过多，紧固后硅胶溢出均匀，环绕螺钉一周。

（4）装微动开关技术要求：①微动开关不允许装反；②M2×10 螺钉不允许有打滑现象。

（5）装阀杆组件技术要求：①旋入 M8 螺钉，将适量 704 硅胶注入螺钉螺纹表面约 3/4 圈；②用扭力电批调整合适扭力。

（6）装内外环喷嘴技术要求：①硅胶必须涂抹均匀，保证密封；②内外环喷嘴必须装在相对应的气管上；③硅胶溢出均匀，中心喷嘴与外环喷嘴微孔不能堵胶，外环喷嘴 6 个孔处也不能有胶堵孔。

（7）装阀芯组件技术要求：①阀芯须轻拿轻放，表面无刮痕，无微粒杂物；②二硫化钼须涂抹均匀，并防止二硫化钼堵塞阀芯微孔；③O 形密封圈无裂口、毛刺；④将阀芯组件放入阀本体时，务必使阀芯壁上最大孔正对阀本体上方。

（8）装阀上盖技术要求：①装 M3×12 螺钉时，调整合适扭力，防止螺钉滑牙；②在装阀上盖时，启动压板必须压在微动开关制动片上。

（9）装阀下盖技术要求：①装阀下盖时，必须保证异型密封圈在阀下盖的槽内，且异型密封圈无断开、压痕；②装 M4×4、M4×10 螺钉时，必须调整适合的扭力，防止滑牙。

（10）装电磁阀技术要求：①电磁阀上的密封圈应无毛刺、裂口；②装 M4×8 螺钉时，必须调整合适的扭力，防止螺钉滑牙；③电磁阀密封接触面间隙应小于 0.2 mm。

（11）装调风板技术要求：①调风板、调风定位板安装时不能颠倒次序；②钢丝卡圈完全卡入限位槽内。

（12）气密检测技术要求：各种检测状态要求在 8 kPa 压力下进行。

（13）试火技术要求：①检测气路完好，方可开启气管阀门；②检测火焰燃烧状况，无断火（熄阀）、无黄焰；③原始状态阀杆下压，再松开后，不能连续放电，调节到最小火状态下压不放电。

4.5.5   阀体装配要求

1. 符合规定要求

（1）产品表面不能有明显的压痕和划痕；

（2）操作员能安全地持有通过托盘/货盘装运的部件；

（3）用于加载/卸载的装置、工具等，设备高度是可调节的。

2. 符合顾客要求

（1）所有的人工工位尽可能实现自动化生产；

（2）要求每小时生产 120 件，单件生产间隔为 30 s；

（3）要求时间稼动率达到 90%；

（4）供料系统：一次性供料，保证能连续生产 4 小时；

（5）漏气检测设备不能改用其他品牌；

（6）2 周给出初步方案，4 周给出详细方案和报价，3 个月验收交货。

3. 绿色要求

（1）环境要求：废气、废水、噪声等排放要求按照国家标准执行，整机不漏油，使用材料要求环保；

（2）能源要求：各动力设施设计安全余量合理（5%～25%），各用电、水、气等设备控制合理，减少能源消耗。

4. 性能要求

（1）非连锁防护需要手动工具（不是普通的螺丝刀）才能解除；

（2）提供合适的屏障、装置、标识等；

（3）急停开关可无障碍接触，不与其他制动系统联合；

（4）气动系统应确保其安全性、系统的连续运行能力、可维护性和经济性，并能保证系统的使用寿命延长；

（5）气动系统控制单元和执行单元选择 SMC 或 FESTO 品牌，接头等连接部件亦同；

（6）管路原则上用硬连接，必要时才用软连接。

5. 安全要求

（1）识别和标记所有封闭空间；

（2）高处作业应注意安全防护；

（3）脚踏开关应有防误操作保护；

（4）如适用，设备被螺栓或以其他方式固定在地面上；

（5）应有防护罩防止飞溅的碎片、火花、冷却液、脱落颗粒；

（6）应有适当的"危险/警告"标志；

（7）如可能，防护罩应连锁。

6. 图纸要求

（1）主资料：合格证、使用说明书、安装和操作手册、维护保养手册、装箱单、外购部件说明书和合格证（含电气控制单元）。若是进口件，需提供相关中文资料。

（2）装订要求：硬皮文件夹、A3 横向装订、A4 纵向装订。

（3）基础部分：基础图（包含基础的技术要求）。

（4）机械系统：总装图、部件装配图（含外购件清单和型号，电机注明功率）、各易损零部件加工图。

（5）液压、气动系统：系统工作原理图、元器件连接图（包含各元器件厂家、型号和数量）。

（6）控制系统：详细电气控制原理图（主回路线路图，控制回路线路图，详细电气元件清单、型号和数量）、电气元件布置图、接线图（含端子图），提供 PLC 内置程序备份，编程手册等。

【思考与练习】

4-1　查资料，梳理项目经理在工业机器人项目执行阶段的工作内容。

4-2　简述工业机器人项目方案设计相关内容。

4-3　简述工业机器人项目方案审核相关内容。

项目 5
工业机器人系统集成项目管理

　　工业机器人系统集成项目管理规划阶段，涉及项目管理十大领域的全部内容，主要的工作就是制订项目管理计划，在深入进行客户技术交流的前提下，进一步明确项目工作范围，进行项目工作分解。

　　本项目一共分为九个小节，首先介绍了项目团队、质量、风险、流程、成本、采购、进度等方面的管理。然后叙述了项目启动后，项目的监控工作，以便明确项目工作范围，进行项目工作分解。最后具体介绍了工业机器人项目的监控和收尾工作。

◀ **学习要点**

　　1. 掌握工业机器人项目管理计划制订的原则、要素。

　　2. 掌握客户技术交流的内容和方法策略。

　　3. 重点掌握项目工作分解。

　　4. 掌握进度、成本、质量、风险、采购等领域需要完成的规划工作。

◀ 5.1 项目团队 ▶

项目人力资源管理规划主要包括两个方面的内容：①项目的机构岗位设置；②岗位说明书。

1. 项目的机构岗位设置

工业机器人项目涉及人员及人员权限分解，如图 5-1 所示。

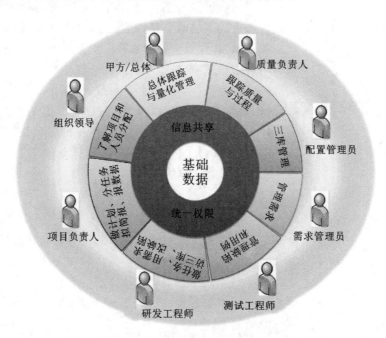

图 5-1 工业机器人项目人员及人员权限分解示意图

成立以项目经理为组长，以各职能部门负责人为副组长，以各单元工作负责人、各班组长等为组员的控制管理小组。小组成员分工明确，责任清晰；定期或不定期召开会议，严格执行讨论、分析、制定对策、执行、反馈的工作制度。

项目中任何一个专项工作都必须有专门的负责人，而且必须在项目开始之初即明确界定其权责范围；否则，就会出现集体负责的状况。

工业机器人相关的工作岗位可分为销售、方案、验证、项目、工程、配置、调试、操作、现场、管理十大类别。其中，各工程技术人员的工作职责范围划分可以按表 5-1 进行（各企业可能会有略微差别。在微、小企业中，通常是一个人兼数个职位，最常见的是项目工程师兼方案及工艺验证，电气工程师兼调试，设计人员兼售后技术支持）。

表 5-1 工业机器人项目工程技术人员岗位责任

工程技术人员类型	负责范围
项目工程师	1. 方案设计制作； 2. 方案工艺验证（打样）； 3. 项目进度管控

续表

工程技术人员类型	负责范围
机械工程师	1. 设备总平面布置图及地基施工图设计； 2. 机械部分(机构、机架、机架中电气安装支架预留、工业机器人底座、工业机器人抓具等)设计； 3. 动力机头、执行部件选型及设计(如电机选型,气动、液压系统中的气缸、油缸执行部件等)
电气工程师	1. 电气布置图及电气地基图设计； 2. 电气控制部分硬件设计； 3. 动力控制部件选型及设计(如气动、液压系统中的电磁阀部件、电控件PLC、按钮等)
调试工程师	设备软件编制及设备综合运行调试直至设备的最后交付及培训
售后技术工程师	设备交付后的技术服务及支持

2. 岗位说明书

机械工程师岗位说明书如表 5-2 所示。

表 5-2 机械工程师岗位说明书

职责	内容
总体职责	1. 工业机器人集成应用项目设计； 2. 非标自动化/机械/夹治具设计,精通 2D/3D 等绘图软件； 3. 设计方案、装配图及零件图,外协供应商问题指导,安装调试指导等； 4. 对前期方案进行可靠性评估,审核图纸,组织编制技术协议
具体职责	1. 设备总平面布置图及地基施工图设计； 2. 机械部分(机构、机架、机架中电气安装支架预留、工业机器人底座、工业机器人抓具等)设计； 3. 动力机头、执行部件选型及设计(如电机选型,气动、液压系统中的气缸、油缸执行部件等)
任职要求	1. 能熟练操作 Inventor、Pro/E、UG、SolidWorks 等至少一种三维绘图软件及 CAD 二维绘图软件； 2. 机械设计相关专业,本科及以上学历,有机械零件加工理论基础； 3. 熟悉气动元器件的选型,以及其他标准件的选型； 4. 负责实施方案设计、绘制加工零件图纸和装配图纸等； 5. 有机器人应用方面的相关非标设计 3 年以上工作经验的将重点考虑； 6. 有非标自动化机械设计及机器人项目设计经验的将优先考虑； 7. 善于沟通和协调,具有良好的团队合作精神及职业操守与素养； 8. 从事机器人打磨、抛光、毛刺设备研发设计工作的将优先考虑； 9. 从事数控机床、加工中心设计工作的将优先考虑

◀ 5.2 项目质量 ▶

5.2.1 工业机器人项目质量管理方法

1. 六西格玛管理

六西格玛管理是一种质量尺度和追求的目标,是一套科学的工具和管理方法,运用六西格玛改善(DMAIC)或六西格玛设计(DFSS)的过程进行流程的设计和改善。六西格玛是一种改善企业质量流程管理的技术,以"零缺陷"的完美商业追求,带动质量成本的大幅度降低,最终实现财务成效的提升与企业竞争力的突破。

(1)六西格玛管理的三层含义。

① 六西格玛管理是一种质量尺度和追求的目标,定义了质量改进的方向和质量界限。

② 六西格玛管理是一套科学的工具和管理方法,运用 DMAIC 或 DFSS 的过程进行流程的设计和改善。

③ 六西格玛管理是一种经营管理策略。六西格玛管理是在提高顾客满意程度的同时降低经营成本和缩短周期的革新方法,它是通过提高组织核心过程的运行质量,进而提升企业赢利能力的管理方式,也是在新经济环境下企业获得竞争力和持续发展能力的经营策略。

宏观层面,即六西格玛设计方法论导入和推广:建立六西格玛设计管理体系,实施六西格玛设计理论、工具及方法培训,并对改善项目实施进行辅导及评审。

微观层面,即六西格玛设计改善项目实施:通过识别—设计—优化—验证四个阶段方法和工具的使用,完成改善项目。

(2)六西格玛设计。

六西格玛被公认为是实现高质量管理和营运的高效工具。DFSS 是一种信息驱动的六西格玛系统方法,通常应用于产品的早期开发过程,通过强调缩短设计、研发周期和降低新产品开发成本,实现高效能的产品开发过程,准确地反映客户的要求。

DFSS 系统方法的核心是在产品的早期开发阶段应用完善的统计工具,以大量数据证明预测设计的可实现性和优越性。在产品的早期开发阶段就预测产品或服务在客户处的绩效表现是实现更高客户满意度、更高利润和更大市场占有率的关键。

DFSS 通过项目的识别(identify)、设计(design)、优化(optimize)、验证(validate)四个阶段来实施,如图 5-2 所示。

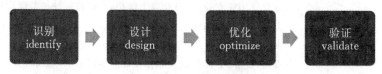

图 5-2 DFSS 实施阶段图

DFSS 的优势在于强调"第一次就做对",从而减少从概念设计到交付生产的时间,降低开发和制造成本,将失败风险减至最低,减少产品投产后设计变更的次数(见图 5-3),并根据客户的实际要求,确定产品和服务的质量与成本。

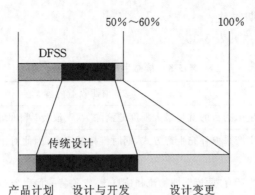

图 5-3 DFSS 与传统设计对比

2. 精益生产管理

精益生产管理,是一种以顾客需求为拉动,以消灭浪费和快速反应为核心的管理模式,旨在使企业通过有效投入获取显著的运作效益和提高对市场的反应速度。其核心就是精简,通过减少和消除产品开发设计、生产、管理和服务中一切不产生价值的活动(即浪费),缩短对客户的反应周期,快速实现客户价值增值和企业内部增值,进而增加企业资金回报率和企业利润率。

(1)精益生产工具。

准时化生产(JIT)的基本思想是:只在需要的时候,按需要的量,生产所需的产品,即追求一种无库存或库存达到最小的生产系统。JIT 的核心思想是生产的计划和控制及库存的管理,JIT 生产方式将获取最大利润作为企业经营的最终目标,将降低成本作为达成这一目标的基本方法,如图 5-4 所示。

图 5-4 准时化生产(JIT)

（2）精益生产的预期收益。

精益生产的预期收益见表 5-3。

表 5-3　精益生产的预期收益

预期收益	预期收益内容
降低成本	精益生产的目的就是最大限度地消除"八大浪费"，降低成本
快速反应	精益生产采取补充生产方式，同时维持低库存，因此对于需求的变化具有较强的反应能力
管理便捷	精益生产有"两流"，即物流和信息流，它独特的信息流（看板）通过循环周转的方式来指导生产安排，给管理带来便捷
持续提高	精益生产追求调动员工的主观能动性，改善各生产环节，通过不断的改善来达到生产各个方面的持续提高

5.2.2　工业机器人项目质量管理工具

1. 七种基本质量管理工具和九大步骤

（1）七种基本质量管理工具。

七种基本质量管理工具详述如下。

① 排列图（柏拉图）法（见图 5-5）。

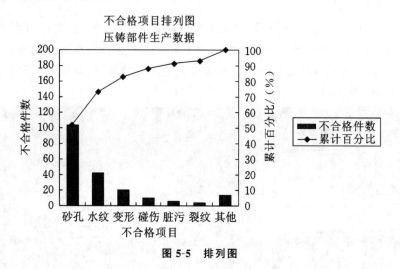

图 5-5　排列图

② 因果图法（见图 5-6）：因果图（又名鱼骨图、石川图）是一种发现问题根本原因的分析方法，现代工商管理教育将其划分为问题型、原因型及对策型等几类。

③ 调查表法：调查表法也称问卷法。

④ 直方图法（见图 5-7）：直方图又称质量分布图，是一种统计报告图，由一系列高度不等的纵向条纹或线段表示数据分布的情况。一般用横轴表示数据类型，纵轴表示分布情况。

⑤ 分层法：分层法是针对性质相同的问题点，将同一条件下收集的数据归纳在一起，以便进行比较分析的一种方法。分层法又称数据分层法、分类法、分组法、层别法。

⑥ 散布图法：散布图是用来表示一组成对的数据之间是否有相关性的一种图表，如图

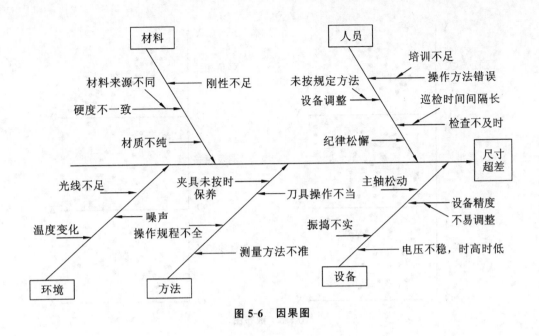

图 5-6 因果图

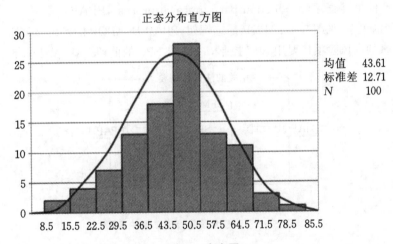

图 5-7 直方图

5-8 所示。这种成对的数据可以是"特性-要因""特性-特性""要因-要因"的关系。制作散布图的目的是辨认一个品质特征和一个可能因素之间的联系。

⑦ 控制图法：控制图亦称质量管理图、质量评估图，是根据数理统计原理分析和判断工序是否处于稳定状态所使用的、带有控制界限的一种质量管理图表。

（2）九大步骤。

①发掘问题；②选定题目；③追查原因；④分析资料；⑤提出办法；⑥选择对策；⑦草拟行动；⑧成果比较；⑨标准化。

2. TS 五大质量管理工具

TS 五大质量管理工具包括：①产品质量先期策划和控制计划（advanced product quality planning，APQP）；②失效模式和效果分析（failure mode & effect analyse，FMEA）；③统计过程控制（statistical process control，SPC）；④测量系统分析（measurement system analyse，

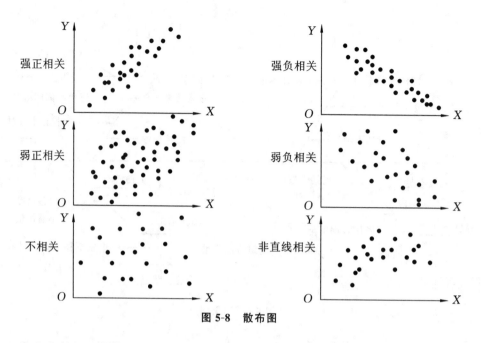

图 5-8 散布图

MSA);⑤生产件批准程序(production part approval process,PPAP)。

五者之间的关系(见图 5-9):APQP 是总框架,PPAP 是 APQP 的产出,FMEA 是风险识别工具,识别出来的高风险项目要用 SPC 控制,MSA 是 SPC 的前期工具,保证测量系统可靠。

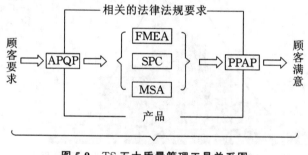

图 5-9 TS 五大质量管理工具关系图

(1) APQP。

① 产品质量策划循环。

产品质量策划循环(PDCA)又称戴明环,如图 5-10 所示。

PDCA 模式可简述如下。

P——策划:根据顾客的要求和组织的方针,为提供结果建立必要的目标和过程。

D——实施:实施过程。

C——检查:根据方针、目标和产品要求,对过程和产品进行监视和测量,并报告结果。

A——处置:采取措施,以持续改进过程。

② APQP 介绍。

产品质量先期策划(见图 5-11)是一种结构化的方法,用来制定确保某产品使顾客满意所需的步骤。

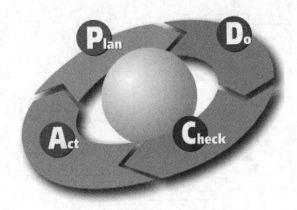

图 5-10　产品质量策划循环

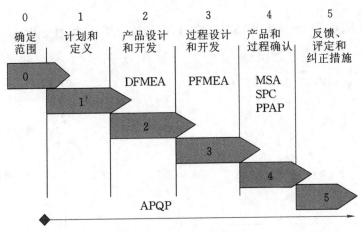

图 5-11　产品质量先期策划

（2）FMEA。

FMEA 是由 FMA 与 FEA 演变组合而来的，FMA 为故障模式分析，FEA 为故障影响分析，FMEA 可以对各种风险进行评价、分析，便于我们依靠现有的技术将这些风险减小到可以接受的水平或者直接消除这些风险。

FMEA 主要有两种类型：DFMEA（设计失效模式及效果分析）与 PFMEA（过程失效模式及效果分析）。

对于初级设计师来说，最实用的是学会控制设备的功能风险，也就是说，要知道分析设备设计本身存在的潜在的功能缺陷。因此，研究 FMEA 就显得非常重要了。

（3）SPC。

SPC 是一种借助数理统计方法的过程控制工具。它对生产过程进行分析评价，根据反馈信息及时发现系统性因素出现的征兆，并采取措施消除其影响，使过程维持在仅受随机性因素影响的受控状态，以达到控制质量的目的。SPC 原理图如图 5-12 所示。

SPC 有两个重点：①通过控制图，监控制造中产生的特殊变异，并采取局部措施解决它；②通过减少制造中的普通变异，提升制程能力。

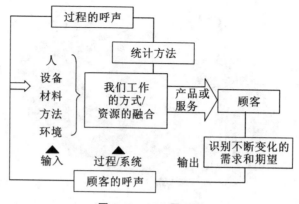

图 5-12　SPC 原理图

（4）MSA。

MSA 常用方法：①R&R 分析（双性分析）；②偏倚分析；③线性分析；④小样法；⑤大样法。量具的重复性与再现性如图 5-13 所示。

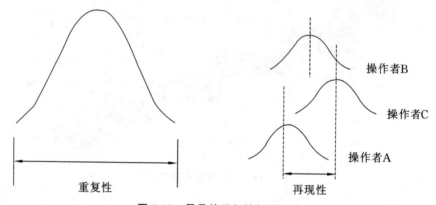

图 5-13　量具的重复性与再现性

（5）PPAP。

PPAP 定义：在生产现场，通过特定的生产工装、量具、工艺过程、材料、操作者、环境和设置（如进给量/速度/循环时间/压力/湿度等）制造出来的零件和编制的文件或产生的记录，需要提交给顾客进行评审和批准，以确保产品和生产过程满足顾客要求。

组织必须遵循顾客认可的产品和制造过程的批准程序。产品批准应该是制造过程验证的后续步骤。产品和制造过程批准程序同样适用于供方。PPAP 流程图如图 5-14 所示。

3. Cpk 管理

过程能力指数（Cpk）反映了过程能力满足产品质量标准要求（规格范围等）的程度。过程能力指数也称工序能力指数，是衡量工序在一定时间里，处于控制状态（稳定状态）下的实际加工能力的指标。它反映了工序固有的能力，或者说它反映了工序自身保证质量的能力。这里所指的工序，是指操作者、机器、原材料、工艺方法和生产环境五个基本质量因素综合作用的过程，也就是产品质量的生产过程。

4. 防错管理

防错装置是一种机械或电子装置，能够防止人为的错误或者让人一眼就看出错误的位

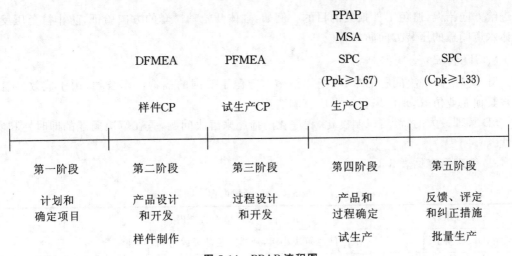

图 5-14　PPAP 流程图

置。换句话说,防错装置的用途包括两个方面:一是杜绝产生特定产品缺陷的源头;二是通过经济的手段对生产产品进行逐一的检查,以确定其是否合格。这种检查是操作者在执行的过程中完成的,它们对操作者应该是透明的。简而言之,只要防错的条件不满足,操作就无法继续进行下去。

(1) 定性的防错。

通过图像识别技术,以及光电、限位、接近开关的逻辑控制技术等来完成防错。

即时摄片比较:区分装配零件的方向是否正确。

传感器感应检测:在机加工自动线中,根据不同产品型号的外形变化,传感器将感应到的信息反馈给后面的加工工序,使后面的工序调用对应的加工程序,实施相应的加工内容。

加工孔探测:在机加工自动线中的钻孔或攻丝后的工位,对加工孔进行断刀检测及切屑冲洗。

硬靠山:认准工件的前后流向,如在缸体加工自动线的进料口,利用缸体前后端面的宽度差异,设定硬靠山,保证缸体进入机加工自动线时前端面流向在前。

硬探头:检测零件的不同型号,实施不同的装配或加工工艺,如用探头探测零件的外形,实施不同的装配,如采用硬探头探测缸体,可以区分 3.0 L 或 3.4 L 缸体。

导向挡块:区分零件的输送方向。

光栅防错:通过光栅的检测控制,判断工件是否摆放到位。

夹具防错:通过控制装配零件在夹具上的摆放来防错。

(2) 定量的防错。

通过测量探头感应或气电转换的测量技术(气体流量转换成电量)来达到防错的目的。

定位面气孔压力检测:确认工件正确到位的防错措施。

泄漏测试:汽车配件如缸盖、缸体的油道以及水道的在线测试等,防止泄漏件进入下道工序。

扭矩控制:汽车配件如很多螺栓的拧紧程度均通过扭矩枪来控制。

(3) 颤动功能的防错。

颤动机使零件不断地颤动,直至零件被输送至判别零件方向正确与否处,只有零件处于正确的方向时,才能进入轨道;方向错误的零件则掉入零件颤动料箱里,从而达到预防零件的进给方向错误,避免工件报废的目的。例如:缸体凸轮轴衬套的方向验证,防止衬套压反;缸体水道闷盖的压装方向防错等。

5. 8D 管理

8D 管理,即解决问题的"八项纪律措施",起源于美国的福特汽车公司,由于成效显著,后被其他企业仿效,现已风行世界所有制造业。

8D 管理最大的特点:以制度化、程序化的措施来解决问题,重在解决问题的即时性和实效性。

8D 管理内容见表 5-4。

表 5-4　8D 管理内容

管理步骤	管理内容	
D1:成立小组	成立问题解决小组,判断问题是否适用 8D 管理法	
D2:描述问题	何时	问题发生的时间
	何处	问题发生的场所和关联部门
	何人	当事人是谁
	何事	问题的主要内容是什么
	现状	现在状态怎样
	发展	会导致哪些后果和损失
D3:采用紧急应对措施	1	紧急应对措施只针对现时情况:不让事情恶化
	2	可能时,分析原因和采取紧急措施同步进行
	3	规定紧急应对措施临时期限,到期如无永久措施,应再制订临时措施并再规定期限
	4	以上措施应有当事人、管理者、日期的记录依据
D4:分析确定根本原因	1	环境
	2	原料
	3	人员
	4	设备
	5	方法
D5:实施及验证结果	对比总结发生前后的结果,以便验证效果并有相应记录	
D6:实施永久措施	对实施措施的方法和途径要做出明确规定,如制订过程控制计划或作业指导书	
D7:预防再发生	1	防止类似产品的类似过程中再出现类似问题
	2	修订文件,识别防止类似问题重复发生
	3	修订监控计划,改进作业流程
	4	修订作业指导书,改正作业方法
	5	必要时向顾客说明
D8:恭贺成功	对解决问题有贡献的人员,予以嘉奖,以鼓励员工不断创新	

6. DOE 管理

试验设计(DOE)在质量控制的整个过程中扮演着非常重要的角色。它是产品质量提高、工艺流程改善的重要保证。

当发现项目的影响因子时,可通过试验收集数据,然后找出其中的关键因子,进行解决。DOE 试验收集到数据后,利用专门的软件 Minitab 进行计算,展示出图表及函数,找到关键因子。

根据项目需要,DOE 可对试验进行合理安排,以较小的试验规模(试验次数)、较短的试验周期和较低的试验成本,获得理想的试验结果,并得出科学的结论。

7. 5M1E 管理

5M1E 包括五大要素(见图 5-15):人员(man)、机器(machine)、物料(material)、方法(method)、测量(measure)和环境(environment)。5M1E 管理内容见表 5-5。

图 5-15 5M1E 管理

表 5-5 5M1E 管理内容

管理要素		管理内容
人员	1	遵守规章制度
	2	具备必要的知识与技能
	3	持证上岗
	4	积极反馈问题,具有责任心
机器	1	制定设备管理制度
	2	按操作规程作业
	3	及时维护、保养设备
	4	填写设备运营、维护记录
物料	1	明确入库及领料制度
	2	落实必要的来料检验
	3	不合格品应标识并处理
	4	物料信息经梳理后,及时反馈给相应供应商,并要求改善
方法	1	工序流程及作业方法经过分析与优化
	2	制定作业标准,避免错误,提升效率
	3	设置必要的质量控制点
	4	每周(月)审视生产过程数据,发现改善机会
测量	1	测量时采取的方法是否标准、正确
	2	计量器具的选择,包括量程、计量精度等是否无误
	3	进行定期的校准和调整
	4	将计量器具的校准规程统一管理

续表

管理要素		管理内容
环境	1	时刻确保作业安全
	2	通过 5S 活动,确保人性化且高效的作业环境
	3	鼓励员工参与日常改善
	4	落实必要的变化点控制

（1）分类。

5M1E 又称特性要因图,分为追求原因型和追求对策型。

追求原因型:追求问题的原因,并寻找其影响,以特性要因图表示结果(特性)与原因(要因)间的关系。

追求对策型:追求问题点如何防止、目标如何达成,并以特性要因图表示期望效果(特性)与对策(要因)的关系。

（2）实施步骤。

特性要因图(见图 5-16)实施步骤如下。

第 1 步:成立特性要因图分析小组,3～6 人为好,最好是各部门的代表。

第 2 步:确定问题点。

第 3 步:画出干线主骨、中骨、小骨,并从人员、机器、物料、测量、方法、环境六个方面找出重大原因。

第 4 步:小组人员热烈讨论,依据重大原因进行分析,找到中原因或小原因,绘至特性要因图。

第 5 步:特性要因图小组要形成共识,把最可能是问题根源的项目用红笔或特殊记号标识。

第 6 步:记录必要事项。

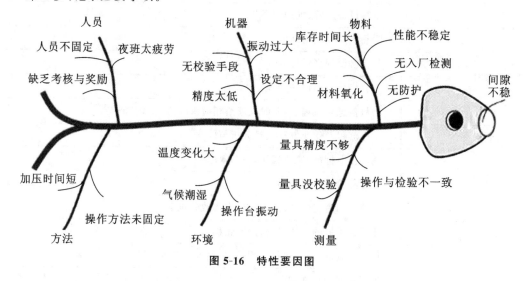

图 5-16　特性要因图

（3）应用要点及注意事项。

① 确定原因要集合全员的知识与经验,集思广益,以免疏漏。

② 原因解析愈细愈好,愈细则更能找出关键原因或解决问题的方法。

③ 有多少特性,就要绘制多少张特性要因图。

④ 如果分析出来的原因不能采取措施,说明问题还没有得到解决。要想改进有效果,原因必须要细分,直到能采取措施为止。

⑤ 在数据的基础上客观地评价每个因素的重要性,如图 5-17 所示。

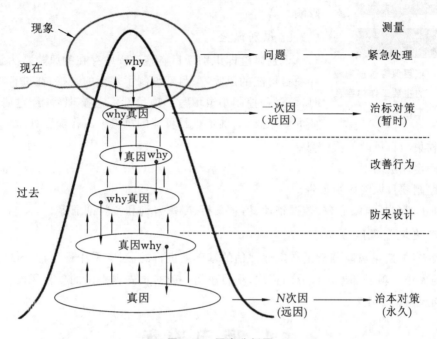

图 5-17　因素分析图

⑥ 把重点放在解决问题上,并依 5W2H(why——为何要做(目的);what——做什么(对象);where——在哪里做(场所);when——什么时候做(顺序);who——谁来做(人);how——用什么方法做(手段);how much——花费多少(费用))的方法逐项列出。绘制特性要因图时,重点放在"为什么会发生这种现象、结果"。分析后,要提出对策时,重点则放在"如何才能解决"。

⑦ 特性要因图应针对现场所发生的问题来考虑。

⑧ 特性要因图绘制后,要形成共识后再决定要因,并用红笔或特殊记号标出。

⑨ 特性要因图使用时要不断加以改进。

◀ 5.3　项目风险 ▶

机器人市场尚不成熟,主体行为不规范的现象在一定范围内仍存在,这导致了工程实施过程中在技术、经济、环境、合同订立和履行等方面存在风险因素。除了工程风险以外,还有合同风险。合同风险是指由合同内容引起的不确定性。工程合同风险产生的主要原因在于合同的不完全性,即合同条款是不完全的。而信息不对称是合同条款不完全的根源,如业主与承包商、总承包商与分包商等的信息差异。

在项目规划阶段,项目风险管理领域的主要工作内容及工作流程如图 5-18 所示。

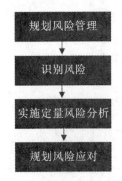

图 5-18　项目风险管理领域的主要工作内容及工作流程

1. 规划风险管理

规划风险管理是指规划和设计风险管理的过程,是进行项目风险管理的第一步。项目部判断出可能发生的风险,制定一套全面、协调一致的项目风险管理方法,并将其编制成文件,从而达到预防、减轻或消除不良情况的目的,以免对项目造成不利影响。

2. 识别风险

识别风险即识别项目实施过程中存在的风险。为了准确估计项目可能的风险,项目部编制了规范的表格,在进行项目检查时,由过程控制小组填写。项目部汇总整理后,经过研究讨论、征询专家意见,确定项目可能的风险。工作流程如下。

① 收集项目风险相关信息;

② 确定风险因素;

③ 编制项目风险识别报告。

识别手段包括风险调查、数据整理、信息分析、专家咨询和实验论证等。

3. 实施定量风险分析

一般来讲,定量风险分析是在定性评估的基础上进行的,通常采用逐项评分的方法来量化风险的大小。项目部确定评分的标准,项目小组一起对预先识别出的项目风险一一打分,量化不同风险的大小。

◀ **5.4　项目流程** ▶

乙方中标之后,甲、乙双方共同签订合同,就可以撰写项目章程,项目章程一经批准,就标志着项目正式启动了。项目启动阶段的工作主要包括制定项目章程、识别项目干系人等。项目启动阶段工作流程如图 5-19 所示。

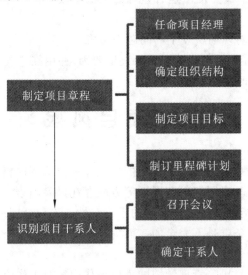

图 5-19　项目启动阶段工作流程

5.4.1 流程管理

项目章程一经批准,就标志着项目的正式启动。项目发起人通过项目章程授权项目经理及项目团队调拨组织内的资源并开始项目。项目经理应尽早委派,最好是在制定项目章程的时候就任命项目经理。项目章程通常由项目经理起草,再由项目发起人审批并签署通过。如图 5-20 所示为制定项目章程的过程。

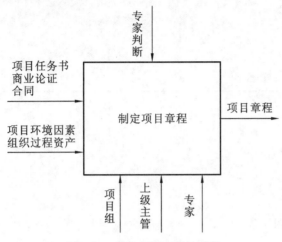

图 5-20 制定项目章程的过程

项目章程的制定步骤如下。

(1)收集基本信息。

项目团队需收集与项目相关的重要信息,如项目工作说明书、可行性论证报告、合同、环境因素、组织过程资产等。项目工作说明书是由项目发起人、赞助商或客户给出的对项目要求的文字说明,阐述了项目的背景和意义。项目可行性论证报告能够为判断项目是否值得投资提供必要的信息,涵盖市场需求、业务需求、客户需求、技术需求、法律需求、社会需求等方面。合同是承包商和客户之间的协议,承包商按协议来提供产品或服务,作为回报,客户则付给承包商一定的酬金。环境因素包括组织的文化、政府/行业标准、基础设施、人力资源、市场情况、项目干系方的风险承受能力、商业数据库和项目管理信息系统等。组织的过程资产包括组织进行工作的流程、制度和标准,机构整体信息存储检索的知识库。

(2)编制项目章程。

编制项目章程的具体工作有定义项目目标、阐述项目需求、描述项目产品、委派项目经理并确定其权限级别、确定项目组织结构、识别项目主要干系人及干系方的影响、描述组织的环境与外部假设(自然环境)、描述组织的外部制约(甲方进度、费用预算)、制定项目总体里程碑进度表、制定项目总体预算等。

(3)审核项目章程。

专家判断法是制定项目章程中最为重要的工具和方法。专家判断法是将一些具有专业知识或者受过专门培训的人组成一个专家小组,凭借小组成员专业的知识和经验,对所获得的信息进行分析和判断,决定是否批准某项决议或者采取某种措施的方法。运用专家判断法可以将一些难以用数字模型定量化的因素考虑在内,在缺乏足够的原始资料和统计数据的情况下仍然能够做出专业的判断。

(4) 得到项目章程。

项目章程经由专家小组审核后,需要上级主管正式批准才能得到。项目章程所包含的基本要素如表 5-6 所示。

表 5-6 项目章程所包含的基本要素

项目发起人的详细信息
    姓名:
    职务:
    职权:
    授权签名:

项目的战略目标:
商业案例:
项目范围和可交付成果:
需求:
假设条件:
限制条件:
指定的项目经理及其权限:
参与的职能部门:
主要风险:
主要里程碑:

项目的时间点
    预定的开始日期:
    预定的最终交付日期:
项目成本预算
    物资:
    人员:
    外包工作:

各方职责
    项目发起人:
    项目经理:
    项目团队:
    主要的项目干系人:

验收
    项目经理: 签字: 日期:
    项目管理委员会主任: 签字: 日期:
    项目发起人: 签字: 日期:
    项目干系人: 签字: 日期:
    项目干系人: 签字: 日期:

5.4.2　确定项目组织结构和项目经理

项目组织是为完成特定的项目任务而建立起来的、从事项目具体工作的载体。建立项目组织的工作过程如下。

(1) 确定项目目标。

(2) 确定项目工作内容。

(3) 确定组织目标和组织工作内容。

(4) 项目组织结构设计。

(5) 工作岗位与工作职责确定。

(6) 人员配置。

(7) 明确工作流程与信息流程。

(8) 制定考核标准。

常见的项目组织结构分为职能型组织结构、项目型组织结构和矩阵型组织结构,如图 5-21 所示。

图 5-21　三种常见的项目组织结构

1. 职能型组织结构

职能型组织结构通过建立一个由各个职能部门相互协调的项目组织来完成项目目标。在这种组织结构中,人员按专长划分,公司按照管理职能划分为财务、生产、营销、研发和人事等若干职能部门,部门之间有明确的界限,每一个部门都有一个主管,这种组织形式常见于政府及大部分国企,如图 5-22 所示。

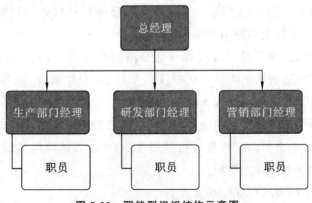

图 5-22　职能型组织结构示意图

职能型组织结构是一种典型的金字塔结构,职能部门经理主要起协调作用,权限很少或没有权限,无权做决定,往往是兼职。职能型组织结构主要适用于承担公司内部项目,很少用于承接外部项目。

2. 项目型组织结构

项目型组织结构的部门是按照项目来设置的,每个部门相当于一个微型的职能型组织,每个部门都有自己的项目经理和下属的职能部门,如图 5-23 所示。项目经理是全职的,能够配置部门所需的全部资源,对人、财、物有绝对的管理权限。此外,项目组的成员是专职的,当一个项目结束了,其成员就被分配到新的项目中去。

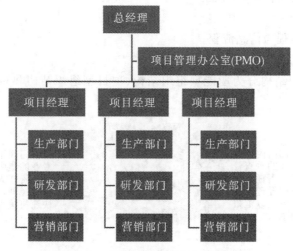

图 5-23　项目型组织结构示意图

项目型组织结构中的项目管理办公室(PMO)是为各个不同的项目提供服务的部门,总经理控制着所有部门的重大决策,各部门独立完成各自承担的项目,体现了"集中决策、分散经营"的思想。该组织结构成本较高,常见于投资大、时间长的大型项目。

3. 矩阵型组织结构

矩阵型组织结构是为了最大限度地利用组织中的资源而发展起来的,它是由职能型组织结构和项目型组织结构结合而成的一个混合体,它在职能型组织的垂直结构中叠加了项目型组织的水平结构,如图 5-24 所示。它兼有职能型组织结构和项目型组织结构的特点,并在一定程度上避免了以上两种组织结构的缺陷。

当公司承接项目时,项目总经理挑选一名合格的项目经理,项目经理再根据项目的需要,从各个职能部门挑选合适的人员组成项目团队。当项目结束时,所有的项目成员都可以回到原来的职能部门中,也可以进入新的项目团队中。在矩阵型组织结构中,主要由项目经理来负责项目,职能部门经理负责辅助分配人员。项目经理对项目的控制权力增大,而职能部门经理对项目的影响力削弱。根据项目经理权限的大小,矩阵型组织又分为强矩阵型组织、平衡矩阵型组织和弱矩阵型组织。

各种项目组织结构及其特征归纳如表 5-7 所示。

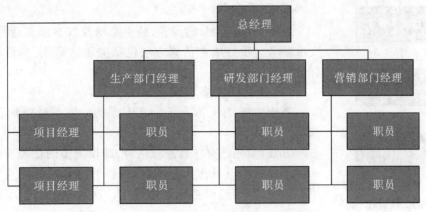

图 5-24 矩阵型组织结构示意图

表 5-7 各种项目组织结构及其特征归纳

特征	组织结构				
	职能型	项目型	矩阵型		
			弱矩阵型	平衡矩阵型	强矩阵型
项目经理的权限	很少或没有	很高甚至全权	有限	小到中等	中等到大
全职人员比例	几乎没有	85%～100%	0～25%	15%～60%	15%～60%
项目经理的职业	兼职	全职	兼职	全职	全职
项目经理的角色	项目协调员	项目经理	项目协调员	项目经理	项目经理
项目管理行政人员	兼职	全职	兼职	兼职	全职

　　一般来说,职能型组织结构适用于不确定性程度较低、技术标准规范、持续时间较短的小型项目,而不适用于环境变化较大、技术创新性很强的大型项目。因为环境的快速变化需要各职能部门的紧密配合,职能型组织结构不能满足这一要求。这时应该采用项目型组织结构,其下设了很多职能部门,可以进行有效的协调和配合,来适应环境的变化。同职能型组织结构和项目型组织结构相比,矩阵型组织结构融合了上述两种组织结构的优点,更充分地利用了公司的资源,因此适用于技术复杂、风险程度较大的大型项目。

◀ 5.5 项目成本 ▶

5.5.1 成本管理

　　在项目规划阶段,项目成本管理规划的工作流程如图 5-25 所示。

1. 成本管理规划

　　成本管理规划是通过有效管理项目成本,以降低消耗,获取最大利益的过程,包括制定相关政策、程序和文档等事宜,为其后续的项目成本管理提供大致框架。

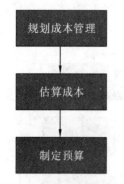

图 5-25　项目成本管理规划的工作流程

2. 估算成本

通过对以往项目的经验、特点总结及成本确认,预留意外开支准备金。项目成本估算方法包括类比估算法、参数估计法和标准定额法。

(1)类比估算法。

类比估算法又称自上向下估算法,是一种粗略的经验估算法。

方法:参照已有项目进行估算,即以类似的已经有准确数据和技术资料的项目作为基准,分析新旧项目的异同点及其对费用的影响,利用经验估算相应费用。这种方法适用于项目的早期阶段。

优点:节约时间,成本低,相似度越高的项目估算效果越好。

缺点:估算的精度依赖于相似的历史项目,由于时间的推移,需要适当考虑通货膨胀的影响。

(2)参数估计法。

参数估计法是利用项目特性参数(如软件开发中的代码行数),建立数学模型,并依此来估算项目成本的方法。

(3)标准定额法。

方法:依据同行的标准定额估算项目成本。

$$产品成本=产品定额成本\pm脱离定额差异$$

特点:事前制定产品的消耗定额、费用定额和定额成本以作为降低成本的目标,并加强实际执行过程中的监控。

3. 制定预算

项目部参照已开发项目的成本状况、市场价格水平、资源配置情况,对项目进行成本预算,得出项目的成本预算。

5.5.2　采购管理

1. 供应商管理指标体系

供应商管理指标体系包括七个方面:质量(quality)、成本(cost)、交货(delivery)、服务(service)、技术(technology)、资产(asset)、员工与流程(people and process)。前三个指标各行各业通用,相对易于统计,属于硬性指标,是供应商管理绩效的直接表现。后三个指标相对难以量化,却是前三个指标的根本保证。服务指标介于中间,是供应商增加价值的重要表现。

2. 供应商选择与评估

筛选与评定供应商的指标体系如下。

(1)质量水平:①物料来件的优良品率;②质量保证体系;③样品质量;④对质量问题的处理。

(2)交货能力:①交货的及时性;②供货的弹性;③样品的及时性;④增、减订货的应对能力。

(3)价格水平:①优惠程度;②消化涨价的能力;③成本下降空间。

（4）技术能力：①工艺技术的先进性；②后续研发能力；③产品设计能力；④突发问题的应对能力。

（5）后援服务：①零星订货保证；②配套售后服务能力。

（6）人力资源：①经营团队；②员工素质。

（7）现有合作状况：①合同履约率；②年均供货额外负担和所占比例；③合作年限；④合作关系融洽程度。

3. 供应商管理办法

（1）对重要的供应商可派遣专职驻厂员。

（2）定期或不定期地对供应商品进行质量检测或现场检查。

（3）减少对个别供应商的过分依赖，分散采购风险。

（4）制定各采购件的验收标准、与供应商的验收交接规程。

（5）采购、研发、生产、技术部门可对供应商进行业务指导和培训，但应注意产品核心或关键技术不泄密。

（6）重要的、有发展潜力的、符合投资方针的供应商，可以投资入股，建立与供应商的产权关系。

◀ 5.6 项目进度 ▶

一个项目是否能按时完成取决于项目进度管理的好坏。在规划阶段，项目时间管理的工作流程如图 5-26 所示。

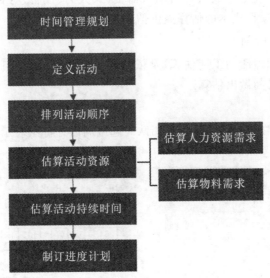

图 5-26 项目时间管理的工作流程

5.6.1 时间管理

1. 时间管理规划

时间管理规划是为了合理控制项目进度制定政策、程序和文档的过程。项目经理可以采用专家判断法制订进度计划，选择甘特图来表示进度计划。甘特图是国内外应用非常广泛的项目进度计划管理方法之一,发明者是 Henry Gantt。甘特图以条形图表示基本的任务信息,便于查看任务的日程,检查和计算资源的需求情况,简洁明了,所以 Project 将其作为默认视图,并使用此视图来创建初始计划,查看日程和调整计划。关键路径法是项目时间管理中最重要的方法。

2. 定义活动

定义活动涉及确认和描述一些特定的活动,完成这些活动就意味着完成了工作分解结构中的工作任务和工作包。定义活动的依据包括进度管理计划、范围基准、项目环境制约因素和组织过程资源等;采用的工具和方法有活动分解技术、模板法和滚动计划法等;其结果为活动清单、活动属性和里程碑清单。

3. 排列活动顺序

排列活动顺序旨在将项目按划分好的阶段排序,制订项目阶段性计划进度表,并设计阶段性计划进度控制方法。排序的目的就是安排项目进度,所以排序应该充分列举出各项工作的关联工作和制约因素,清晰地表达出哪些工作可以串行、哪些工作可以并行。制约其他工作的工作就是这个阶段性目标或者项目目标的关键路径。界定项目近期开展的活动比界定远期要开展的活动更容易,所以在不影响大局的情况下,活动界定可逐渐深入,但对于即将开始的工作,必须足够细致;对于远期的工作,有时甚至可以当作一个工作包来对待。

排列活动顺序的工具和方法有箭线图法、节点图法、进度网络模板和活动依赖关系等。排列活动顺序的结果有项目进度网络图和更新的项目文档。

4. 估算活动资源

估算活动资源即要确定完成项目活动所需资源(人力、设备、材料等)的种类,以及每种资源的需要量,从而为项目成本的估算提供信息。

5. 估算活动持续时间

估算活动持续时间即活动工期估算,是依据项目范围、资源和相关的信息,对完成项目的各种活动所需要的时间做出估算。

6. 制订进度计划

在前述工作的基础之上,项目经理和团队一起编制以甘特图表示的项目进度计划,如图5-27 所示。

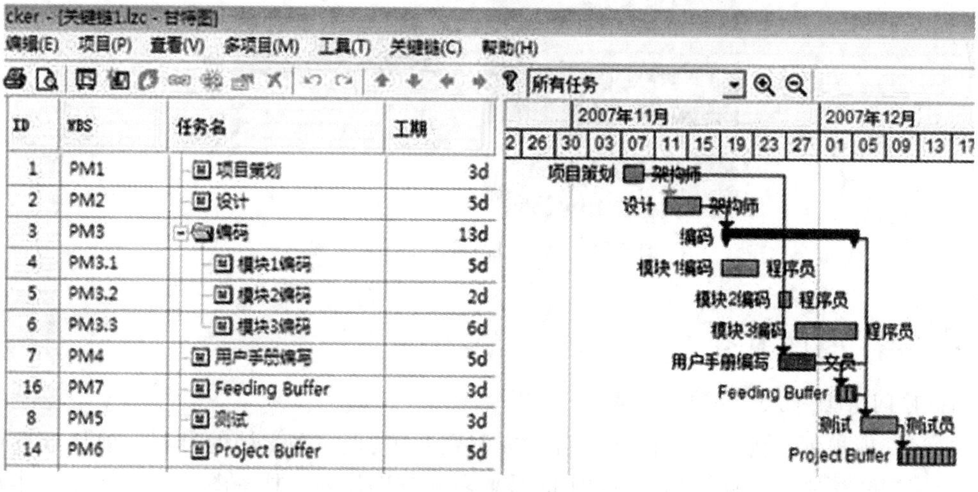

图 5-27　某项目的甘特图

5.6.2 效果跟踪

通常,随着项目的开展,不确定性会减少,所以需要定期地对项目时间表进行更新。对周期性评估中发现的进度偏差采取纠偏措施(事中控制,不能寄希望于问题自动消失);预测最坏结果和最好结果;再做计划、再控制。事实上,项目管理的本质,就是不停地跟踪项目状况,不断地制订改善措施或纠偏措施,形成计划→控制→计划→控制……的循环。

◀ 5.7 项目过程监控 ▶

项目控制是跟踪、审查和调整项目进展与绩效,识别必要的计划变更,并启动相应的变更的过程。其作用是对照项目管理计划和项目绩效测量基准,监控正在进行的项目活动,一旦发现偏差,就提出变更,推荐纠正措施,并对可能出现的问题提出预防措施。只有经过审批的变更,才能被执行。

5.7.1 项目运行监控

由于项目的一次性和独特性,在项目生命期的全过程管理中,有效地实施项目监控是实现过程目标和最终目标的前提和关键。项目运行监控是指跟踪、审查项目进展,记录和分析项目管理计划中确定的绩效目标完成情况的过程,主要包括以下工作。

(1) 将实际项目绩效与项目管理计划进行比较。

(2) 评价项目绩效,判断是否出现了需要采取纠正或预防措施的情况,并在必要的时候提出建议。

(3) 识别新风险,分析、跟踪和监测已有的项目风险,确保全面识别项目风险,报告风险状态,并实施适当的风险应对计划。

(4) 在整个项目期间,建立一个与项目产品及其相关文件有关的准确的信息库。

(5) 为状态报告、进展测定和预测提供信息支持。

(6) 为更新当前的成本和进度信息提供预测。

(7) 监督已批准项目变更的执行情况。

项目运行监控的主要工作内容见表 5-8。

表 5-8 项目运行监控的主要工作内容

依据	工具和方法	结果
项目管理计划 工作绩效数据 预测数据 项目制约因素 组织积累的相关资源	专家判断法 项目管理信息系统 会议 分析技术	变更请求 工作绩效报告 更新的项目管理计划 更新的项目文档

项目监控贯穿项目始终,需要通过项目状态报告、项目管理报告、项目阶段性评审报告等来确保项目按计划运行,并达成最终目标。项目状态报告的作用是对项目进展状况进行概括,见表 5-9 。

表 5-9　项目状态报告示例

项目名称:A 项目主体工程	报告日期:2010-10-30	
关键问题	是	否
超过计划日期了吗?	√	
任务范围有变化吗?		√
有技术问题吗?		√
估算有问题吗?		√
有评审问题吗?		√
问题和方法:超过计划日期,及时调整进度,和总经理沟通后,把剩余主体工程时间缩短为 2 个月		

项目管理报告的作用是对项目管理状况进行评价,见表 5-10。

表 5-10　项目管理报告示例

项目名称:A 项目主体工程	项目号:　报告份数:3	
状态总结	是	否
实际进度超过计划的 10%吗?		√
提交物能满足性能要求吗?	√	
能按时交付吗?	√	
能满足用户的要求吗?	√	
与用户的关系被接受了吗?	√	
任务完成预测顺利吗?	√	

　　在项目监控过程中,项目阶段性评审报告是重要内容之一。在项目按计划进行的过程中,项目部要定期召开专门例会讨论项目当前阶段的进展情况,以实现对项目的总体运行监控,并做项目阶段性评审报告,如表 5-11 所示。

表 5-11　项目阶段性评审报告示例

项目名称:A 项目主体工程 项目经理:吴×伟 项目发起人:w 房地产公司全体股东	客户名称: 报告起草人:李×娥 日期:2013 年 3 月 3 日
评审阶段:自 2013 年 2 月 1 日至 2013 年 3 月 1 日	
自上次评审以来的主要成就: 已完成主体工程第 5 标段的建设	
项目实施的当前状态: 正常	
上次评审提出问题解决情况: 已解决	

当前出现或预见可能出现的问题:
在第 7 标段排污管道铺设过程中,技术工人人数不够,原材料可能紧缺
解决这些问题的方案有哪些? 计划采取的措施是什么?
从其他标段抽调技术工人,率先完成排污管道铺设工程
下次评审预计实现的里程碑有哪些?
第 9 标段完工,场内垃圾清运,第 6 批贷款到位
项目经理的意见:
签名:

5.7.2 项目整体变更控制

项目整体变更控制,即对所有的变更请求进行审核批准,并管理这些变更。只有批准了的变更才能被执行,并纳入修改后的项目基准中。项目整体变更控制是贯穿项目管理计划实施全过程的工作之一,因为项目的某个要素发生变更,项目团队就必须开展项目整体变更控制工作。项目整体变更控制包括的变更管理活动如下。

(1) 识别已经发生和将要发生的变更。

(2) 对不受控制的因素施加影响,以保证只有经过批准的变更才会被执行。

(3) 快速地审核并批准变更请求。

(4) 管理发生的变更。

(5) 只公布已纳入项目计划和项目文档的已批准变更,以保持基准的完整。

(6) 对推荐的纠正和预防措施所包含的行动进行审核、评估和选择。

(7) 在整个项目实施过程中对变更进行协调。

(8) 将变更请求的全部影响形成文档。

项目整体变更控制的主要工作见表 5-12。

表 5-12 项目整体变更控制的主要工作

依据	工具和方法	结果
项目管理计划 工作绩效报告 变更请求 组织积累的相关资源	专家判断法 变更控制会议	批准的变更请求 变更日志 更新的项目管理计划 更新的项目文档

在项目整体计划的执行过程中,项目变更管理流程如下。

1. 变更申请

某项目变更申请表如表 5-13 所示。

表 5-13 某项目变更申请表

基准计划要求： 工程设计完工时间为 2011 年 7 月 31 日,施工工程开始时间为 2011 年 7 月 31 日
变更描述： 工程设计完工时间要提前一个月
变更理由： 在施工过程中,由于地基铺设环节赶在雨季来临时,为避免停工,故将施工工程开始时间由 2011 年 7 月 31 日改为 2011 年 6 月 30 日,工程设计完工时间亦随之提前一个月

变更申请人(单位/职务):王×飞(技术部门经理)	签名:

2. 变更引起的修订活动

项目变更后,项目进程修改表见表 5-14。

表 5-14 项目进程修改表

工作分解	进度	成本	质量
工程开工	2011 年 1 月 1 日	无	不变
工程设计	2011 年 1 月 1 日至 2011 年 7 月 31 日改为 2011 年 1 月 1 日至 2011 年 6 月 30 日	增加 70 万元	不变
主体工程	2011 年 7 月 31 日至 2012 年 12 月 31 日改为 2011 年 6 月 30 日至 2012 年 12 月 31 日	不变	不变
配套工程	2012 年 12 月 31 日至 2013 年 10 月 31 日	不变	不变
装修工程	2012 年 12 月 31 日至 2013 年 8 月 31 日	不变	不变
工程验收	2013 年 10 月 31 日至 2013 年 12 月 31 日	不变	不变

3. 变更影响评价

项目变更后的影响评价表见表 5-15。

表 5-15 项目变更后的影响评价表

对进度产生的影响： 对工程整体进度无影响
对预算产生的影响： 工程设计阶段成本增加 70 万元,总成本增加 70 万元
对产品质量产生的影响： 无
对应用技术产生的影响： 无
对项目范围产生的影响： 无

对合同产生的影响： 工程设计及主体工程施工进度合同需修改，整体成本合同需修改	
对客户关系产生的影响： 无	
对其他方面产生的影响： 无	

4. 项目干系人确认

项目干系人确认是项目干系人最终认可和接受该项目变更的过程。通过对前面项目变更申请、项目修订活动及变更影响评价的核检，项目变更控制委员会、客户及相关人员如确认该次项目变更可接受，则签名确认。项目干系人签字确认表见表5-16～表5-18。

表 5-16　项目变更控制委员会意见表

审校、批准人	意见	签字/日期
主席　□批准 　　　□否决		

表 5-17　客户意见表

审校、批准人	意见	签字/日期
主席　□批准 　　　□搁置 　　　□否决		

表 5-18　相关人员签名确认表

姓名	职务	签名	日期
吴×伟	项目经理		
王×飞	技术部门经理		
李×达	商务部门经理		
刘×民	现场经理		

5.7.3　确认范围

确认范围是指项目干系人最终认可和接受项目工作范围的过程。在确认范围工作中，要对定义范围的工作结果进行审查，确保项目范围包含所有的工作任务。确认范围所覆盖的内容较为灵活，既可针对项目的整体范围进行确认，也可针对某个项目阶段的范围进行确认。

确认范围的目的是通过审核项目范围所界定的工作内容，确保所有的必需的工作都包括在项目工作分解结构中，而一切与实现项目目标无关的工作均不包括在项目范围之中。

确认范围的主要工作如表5-19所示。

表 5-19　确认范围的主要工作

依据	工具和方法	结果
项目管理计划 干系人需求文档 需求跟踪矩阵 核实的可交付成果 工作绩效数据	核检表 群体决策技术	验收的可交付成果 范围变更请求 工作绩效状况 更新的项目文档

通过对前面工作中项目范围及项目工作分解结构的核检,项目干系人如果接受项目范围定义工作,则签名确认。

项目干系人签字确认表见表 5-20。

表 5-20　项目干系人签字确认表

姓名	职务	签名	日期
吴×伟	项目经理		
王×飞	技术部门经理		
李×达	商务部门经理		
刘×民	现场经理		

◀ 5.8　工业机器人项目监控 ▶

5.8.1　工业机器人项目范围控制

1. 范围控制的定义

在项目执行的过程中,费用、进度、质量以及客户的需求都会因各种因素的变化而变化,进而导致该项目范围的变化,范围控制就是监督项目和产品的范围状态,并管理范围基准变更的过程。变更在项目管理中是不可避免的,当变更实际发生时,需要采用范围控制过程来管理这些变更。

2. 范围控制的主要工作内容

对于项目范围变更的控制,可参照整体管理中的项目变更控制部分的内容。当项目范围发生变化时,变更、纠正或预防措施都与其他控制过程整合在一起,通过实施整体变更控制过程,使项目协调一致。范围控制的主要工作见表 5-21。

表 5-21　范围控制的主要工作

依据	工具和方法	结果
项目管理计划 干系人需求文档 需求跟踪矩阵 核实的可交付成果 工作绩效数据	核检表 群体决策技术	验收的可交付成果 范围变更请求 工作绩效状况 更新的项目文档

范围控制过程包括但不限于以下工作。

（1）确认实际范围与计划范围的差异。

（2）对造成项目变更的因素施加影响，确保变更有利于项目的完成。

（3）在项目干系方中达成共识，由变更理事会审批（对整个项目都产生影响的，由甲方审批）。

（4）保证经过审批的变更确实发生。

（5）当范围变更时，对变更进行管理。

（6）范围变更必须与其他（如时间、成本、质量）变更相互协调一致。

5.8.2 工业机器人项目质量控制

1. 质量控制的定义

质量控制就是根据监测和测量项目的具体结果，确定是否符合质量标准和技术要求，从而决定是否可以验收，是否需要变更。质量控制一方面可以确认可交付成果是否满足要求，是否可以进行最终验收；另一方面可以识别过程低效或产品质量低劣的原因，并对其采取相应的措施。质量控制贯穿项目始终，不单单涉及产品质量，也包括管理过程质量。执行质量控制的主要工作见表 5-22。

表 5-22 执行质量控制的主要工作

依据	工具和方法	结果
质量管理计划 质量测量指标 质量核对表 工作绩效状况 批准的变更请求 可交付成果 组织积累的相关资源	七种基本质量管理工具 统计抽样 检查 审查已批准的变更请求	质量控制测量状况 确认的变更 确认的可交付成果 工作绩效状况 更新的组织积累的相关资源 变更请求 更新的项目管理计划 更新的项目文档

1）执行质量控制的依据

执行质量控制的依据包括质量管理计划、质量测量指标、质量核对表、工作绩效状况、批准的变更请求、可交付成果、组织积累的相关资源。

质量测量指标：零件图的尺寸公差、形位公差等。

质量核对表：说明哪些尺寸公差、哪些形位公差需要检查。

批准的变更请求：变更对质量产生影响，协调质量基准。

可交付成果：产品、成果/能力。

工作绩效状况：实际技术性能、实际进度绩效、实际成本绩效等。

组织积累的相关资源：质量标准、政策；标准化工作指南；问题与缺陷报告程序以及沟通政策。

2）执行质量控制的工具和方法

执行质量控制的工具和方法包括七种基本质量管理工具、统计抽样、检查、审查已批准的变更请求。七种基本质量管理工具、统计抽样已在前面介绍过，这里重点介绍检查和审查已批准的变更请求。

（1）检查。

检查是一个较为笼统的概念（如审查、审计、巡检等），其工作内容包括测量、查看和检测等活动，其目的是判断项目的可交付成果是否符合质量标准。

检查可以在任意层次上实施，既可以对单项活动进行检查，也可以对项目的最终产品进行检查。现场检查的领域既可宽泛，也可具体，如缺陷补救审查就是质量控制部门或类似部门所采取的措施，其目的在于确保产品缺陷得以补救，并使之与要求或规范相符。

（2）审查已批准的变更请求。

对所有已批准的变更请求进行审查，核实它们是否已按批准的方式得到实施。

3）执行质量控制的结果

执行质量控制的结果应体现在质量改进、过程调整、验收决定、返工决定等方面，主要包括质量控制测量状况、确认的变更、确认的可交付成果、工作绩效状况、更新的组织积累的相关资源、变更请求、更新的项目管理计划、更新的项目文档。

质量控制测量状况：表述质量控制活动的结果。

确认的变更：对变更的对象进行检查，做出接受或拒绝的决定，并通知相关人员，而被拒绝的变更措施可能还需要进一步修改。

确认的可交付成果：实施质量控制的结果是可交付成果得以正式验收。

工作绩效状况：从各控制过程中收集工作绩效信息，并结合相关背景和跨领域关系进行整合分析。

更新的组织积累的相关资源：需要更新的组织积累的相关资源包括完成的质量核对表和经验教训等。

变更请求：根据质量检测结果，决定是否变更。

更新的项目管理计划：包括质量管理计划和过程改进计划。

更新的项目文档：包括质量标准（指对产品的结构、规格、质量、检验方法所做的技术规定）。

2. 施工质量控制的目标、依据与基本环节

项目施工质量控制是整个工程项目质量控制的关键和重点，应贯彻全面、全员、全过程质量管理的思想，进行动态控制。施工质量控制的管理单位，从狭义上来看，仅指项目施工单位；从广义上来看，还包括建设单位、设计单位、监理单位以及政府质量监督机构等。如表5-23所示为施工阶段的质量控制描述。

表 5-23　施工阶段的质量控制描述

施工阶段的质量控制	原材料的质量控制	①材料部门在进行工程所需的各种原材料、半成品、加工件的采购前，应审查出厂合格证和其他相关证明，必要时应进行材料产地或生产厂家的质量调查，确保工程材料的质量控制和合理使用。②材料进场后，由项目试验员会同材料员按照规范进行取样，取样时材料员应向试验员提供如下资料：出厂合格证、批次、生产厂家、品种、规格等。③抽取的样品由项目试验员负责送检，检测单位应具有规定的资质并在当地建设行政主管部门备案认可。④经检验合格的材料才能用于工程施工，未经检验或检验不合格的原材料、半成品不能在工程中使用。⑤经检验不合格的原材料应予以退货。⑥材料进场后均应按照质量体系程序文件的规定做好标识。⑦对小厂水泥的使用应特别慎重，经检验合格的小厂水泥只能用于非主体结构施工。⑧项目技术负责人应及时掌握材料的质量及使用情况。⑨对于业主提供的材料，也应按照相关程序的规定进行抽样送检

施工阶段的质量控制	施工工序的质量控制	①认真做好技术交底工作。②项目技术负责人对单位工程进行全面交底;工(段)长对分部、分项工程向班组长进行交底。确保分项工程施工前由施工员对操作班组进行技术交底,明确分项工程质量要求以及操作时应注意的事项。③在工程施工过程中严格执行"三检制"。对项目施工工艺质量进行有效的监督管理,严格执行国家、行业的标准规范,按照施工图纸和施工验收规范的要求进行施工。④施工人员应根据施工及验收规范的要求随时检查分项工程的施工质量,发现有不符合质量标准的,应及时进行整改。⑤需经配制或加工后使用的材料,应事先进行配合比试验和优选工作,确定施工用配合比或工艺参数,并在施工中严格按照配合比和工艺参数进行质量控制。⑥工程质量检验按工程质量检验和试验工作程序执行。⑦不合格的分项工程应进行整改,做好相关记录,并重新组织验收。⑧单项工程完成后,由项目施工负责人组织有关人员进行质量检查和评定,确认达到质量要求后,应及时填写分项工程质量检验评定表,送交项目质量检查员进行质量等级核定。⑨混凝土工程必须作为施工的关键工序,其工程质量必须合格。钢材、水泥必须有出厂合格证和力学、化学试验报告;钢筋焊接或机械连接施工前,应先进行试焊和试接,当试件的力学性能满足设计要求和验收规范时,方可按此焊接参数、连接工艺进行成批施工。项目施工中的特殊工序,应由项目技术负责人制订施工作业指导书,并在施工中认真执行
	工程交工验收控制	做好已完工程的成品保护,项目资料员搜集整理全部工程技术资料,由项目技术负责人对其进行全面审查,然后交上级有关部门核查,上报交工验收申请报告,准备验收。交工后,应做好以下工作:做好整改工作与技术资料的整理工作后,应上交整套技术资料到地方质监站和档案室备案

以下是施工质量控制的目标、依据与基本环节。

(1)目标:通过施工形成的工程实体的质量不仅验收合格,而且符合合同约定的要求。涉及的质量特性主要表现在适用性、安全性、耐久性、可靠性、经济性和与环境的协调性等六个方面。

(2)依据:包含共同性依据(法律法规性文件等)、专业技术性依据(专业技术规范文件,包括规范、规程、标准、规定等)、项目专用性依据(项目相关的技术文件)等。

(3)基本环节:

① 事前质量控制(编制计划、明确目标、制订方案、制订预案);

② 事中质量控制(坚持质量标准,确保工序质量合格,自我控制和他人监控配合下的动态调节);

③ 事后质量控制(事后质量把关,包括对质量活动结果的评价、认定和对质量偏差的纠正,重点是发现施工质量方面的缺陷,使质量处于受控状态)。

5.8.3　工业机器人项目进度控制

1. 进度控制的定义

进度控制就是根据项目进度计划对项目的实际进展情况进行调查、对比和分析,分析影响工期的原因,从而确保项目进度目标的实现。其主要内容包括以下几方面。

（1）对当前进度状态进行判断。

（2）确认实际进度与计划进度之间的差异。

（3）对造成进度差异的因素施加影响。

（4）在实际差异和变化出现时进行修正和管理。

进度控制的主要工作见表 5-24。

表 5-24　进度控制的主要工作

依据	工具和方法	结果
项目管理计划 项目进度计划 工作绩效数据 项目日历 组织积累的相关资源	进度报告 绩效衡量技术 进度比较横道图 偏差分析技术 变更控制系统 项目管理软件 资源均衡分析 假设场景分析 利用时间提前量和滞后量 进度压缩 进度计划工具	工作绩效状况 变更请求 更新的组织积累的相关资源 更新的项目管理计划 更新的项目文档 进度预测

2. 项目进度控制的任务

在工程施工管理中必须坚持一个基本原则：在确保工程质量的前提下，控制工程的进度，实现进度目标。

（1）进度控制不仅关系到进度目标能否实现，它还直接影响工程的质量和成本。

（2）盲目赶工（非正常有序地施工），难免会导致施工质量问题、安全问题的出现，并导致施工成本的增加。

（3）自动化工程项目是在动态条件下实现目标的过程，因此进度控制也就必须是一个动态的管理（编制/控制/调整）过程。

项目进度控制的任务见图 5-28。

图 5-28　项目进度控制的任务

5.8.4　工业机器人项目成本控制

1. 成本控制的定义

成本控制是按照事先确定的成本基准,通过运用各种方法,对项目实施过程中所消耗资源的使用情况进行管理控制,以确保项目的实际成本被限定在成本预算范围内的过程。

成本控制的主要目的是对引起实际成本与成本基准之间偏差的因素施加影响,保证其向有利的方向发展,同时对与成本基准已经发生偏差和正在发生偏差的各项成本进行管理,以保证项目的顺利进行。成本控制主要包括以下几个方面的内容。

(1) 监督成本实际执行情况。

(2) 识别与分析实际成本与预算成本的偏差。

(3) 确保所有已核准的变更都列入成本基准中,并把变更后的成本基准通知相关的项目干系人。

(4) 分析成本绩效,确定哪些活动需要什么样的有效纠正措施。

成本控制的主要工作见表 5-25。

表 5-25　成本控制的主要工作

依据	工具和方法	结果
项目管理计划 成本基准 工作绩效数据 组织积累的相关资源	偏差分析技术 预测技术 待完成绩效指数(TCPI) 项目绩效审查 储备分析	工作绩效信息 成本预测 变更请求 更新的项目管理计划 更新的项目文档 更新的组织积累的相关资源

2. 施工成本控制的步骤

施工成本控制是指在项目成本形成的过程中,对生产经营所消耗的人力资源、物资资源和费用开支进行指导、监督、检查和调整,及时纠正将要发生和已经发生的偏差,把各项生产费用控制在计划成本的范围内,以保证成本目标的实现。施工成本控制的目的是保证项目目标实现的同时,合理节省资源,减少成本投入。

要做好施工成本的过程控制,必须制定规范化的过程控制程序,达到预期的成本目标,这是施工成本控制成功的关键。管理行为的控制程序和成本指标的控制程序是对项目施工成本进行过程控制的主要内容,这两个程序在实施过程中是相互交叉、相互制约、相互联系的。只有把成本指标的控制程序和管理行为的控制程序相结合,才能保证成本管理工作有序、有成效地进行。成本指标控制程序见图 5-29,管理行为控制程序和指标控制程序见图 5-30,项目成本岗位责任考核表见表 5-26。

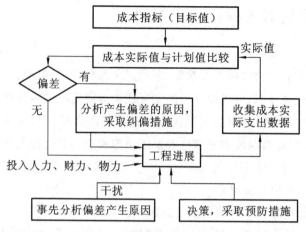

图 5-29　成本指标控制程序

管理行为控制程序（基础）

管理行为控制程序就是为了规范项目施工成本、管理人员的行为而制定的约束和激励体系，要求其符合事先确定的程序和方法。管理行为控制程序体系要有效并辅以分解化的目标考核、定期检查和纠编改善，使其处于有效运行状态。

成本控制程序

相对独立又相互联系
相互补充又相互制约

指标控制程序（重点）

①确定施工项目成本目标及月度成本目标；
②定期收集成本数据，监测成本形成过程；
③分析偏差产生的原因，制定对策；
④用成本指标考核管理行为，用管理行为保证成本指标。

图 5-30　管理行为控制程序和指标控制程序

表 5-26　项目成本岗位责任考核表

岗位	职责	检查方法	检查人	检查时间
项目经理	建立项目成本管理组织； 组织编制项目施工成本管理手册； 定期或不定期地检查有关人员的管理行为是否符合岗位职责要求	查看有无组织结构图； 查看项目施工成本管理手册	上级或自查	开工初期检查一次，以后每月检查一次
项目工程师	指定采用新技术降低成本的措施； 编制总进度计划； 编制总的工具及设备使用计划	查看资料； 现场实际情况与计划进行对比	项目经理或其委托人	开工初期检查一次，以后每月检查1～2次

3. 施工成本控制的方法

施工阶段是成本发生的主要阶段,这个阶段的成本控制主要是通过确定成本目标并按计划成本组织施工,合理配置资源,对施工现场发生的各项成本费用进行有效控制。

(1) 人工费(必需)。

原则:量价分离,将作业、零星用工按工程需求确定定额,并通过劳务合同进行数量与单价的控制。

采取的主要手段是加强劳动定额管理,提高劳动生产率,缩短工程周期。具体措施包括合理搭配、加强培训、分类持有。

(2) 材料费(必需)。

原则:量价分离,分别控制材料用量(合理使用)和材料价格。

在保证符合设计要求和质量标准的前提下,通过定额控制、指标控制、计量控制、包干控制等手段控制材料用量;通过招标、询价等方式来控制采购价格。

(3) 施工机械使用费(非必需)。

根据工程特点和施工条件确定采用的起重运输机械的组合方式后,从台班数量和台班单价两方面共同控制。

(4) 施工分包费用(非必需)。

在项目初期确定分包的范围和价格后,需要加强监督和验收。

◀ 5.9　工业机器人项目收尾 ▶

工业机器人集成项目进入收尾阶段后,首先需要进行预验收,然后结束采购、结束项目,最后需要对整个项目管理工作进行评价,总结经验教训,积累组织过程资源。

5.9.1　工业机器人项目预验收

在合同签订前,会进行方案的评审,之后才会正式进入合同的执行阶段——设备的设计、制造和交付。我们之前也讲到3∶3∶3∶1,那么想一下设备进场交付给我方使用前,支付的哪个比例比较合适?如果厂家告诉我们设备已经完成制造,希望我们马上付款到60%,我们会在没有任何验证或担保的情况下把3/5的款项付给厂家吗?能不能仅以诚信担保厂家生产出来的产品符合我们的要求?针对以上情况,我们就需要进行一定的审核,那就是预验收。

1. 预验收的形式

(1) 去厂家进行预验收:带着待加工产品去厂家验证加工节拍和加工质量。

(2) 到场后进行预验收:由双方按照约定的机型在特定环境下验证实际运行效果。

此外,还有一种形式就是预验收对象是进口的生产设备,由于我们不方便去厂家,所以我们与国外设备制造厂家签订合同也往往不是按这种比例形式进行支付的,一般是9∶1,在这种情况下,我们往往采取的是由厂家出具出厂合格证明。

2. 预验收的流程

预验收主要是按照先技术后商务的顺序进行。

技术:对照技术规格书中的相关要求,对设备的安全、质量等方面逐一进行验证,将发现的问题交给厂家进行整改。

商务：根据技术审核结果，对照商业条款，进行全额或扣款支付。

3. 预验收包含的内容

预验收包含两部分内容：通用标准和设备专属要求。在标准表格上依次填写配置要求和实际情况的定质定量的比较情况（用符合和不符合表示）。

（1）通用标准。通用标准包括外观有无破损情况、实物齐全情况、设备颜色情况、电压/气压情况、安全防护措施情况等。

（2）设备专属要求如下。

电气：正常运行、功能检查、配置参数等比对。

机械：材质、规格尺寸、结构配置合理。

其他：加工节拍、产品合格率、加工精度等。

预验收之后，其往往会发函给厂家，要求厂家回函对不符合项进行书面说明，并作出整改承诺。

5.9.2 结束采购

结束采购是指采购全部履行完毕或采购因故终止所需要进行的一系列管理工作，如采购结算、索取保险赔偿金和违约金等。

项目部按照合同履行完各自的义务后，需要对项目采购过程中的所有合同文件进行归档整理并建立索引记录，对采购的物料、工程和服务进行最后验收，包括解决所有项目进展中遗留的合同问题，对供应商最终付款通常也同步进行，还要确认合同已经完成并且可以移交。负责合同管理等项目组织人员应该向供应商发出正式文件，从而确认合同终止。

项目组织和供应商均按照采购合同履行了各自的义务后，采购过程就此终止。采购合同一旦签订就不能随意终止，但是当出现一些特殊情况时，合同可提前终止。具体如下。

（1）合同双方混同为一方，如供应商加入项目组织，这时合同就提前终止。

（2）合同由于不可抗的原因提前终止，如一项建筑工程的地皮被政府强制征用，导致项目终止，因此采购合同也将提前终止。

（3）合同双方通过协商解除各自的义务，从而终止合同（如项目组织和供应商通过协商达成一致意见，供应商不再提供货物，项目组织也不继续付款）。

（4）仲裁机构或法院宣告合同终止（如当合同纠纷交由仲裁机构或法院裁决时，合同被判决终止）。

结束采购的主要工作见表 5-27。

表 5-27　结束采购的主要工作

依据	工具和方法	结果
项目管理计划 采购文件	项目采购审计 采购谈判 档案管理系统	采购收尾文档 更新的组织积累的相关资源

5.9.3　结束项目

1. 项目收尾工作的内容

项目收尾工作主要包括工程收尾和项目管理工作收尾两部分内容。工程收尾由项目部组织，公司相关部门、设计单位、监理单位、承包商、政府主管部门等各相关单位和人员共同参与实施；项目管理工作收尾由项目经理组织，项目部其他成员共同参与实施。

2. 项目收尾的工作流程

项目收尾的工作流程如图 5-31 所示。

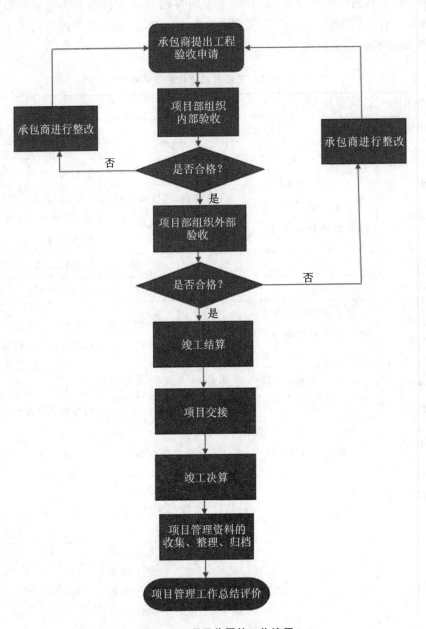

图 5-31　项目收尾的工作流程

1）项目收尾验收

不同公司的验收流程可能有所区别，比如有的可能是在设备试运行前进行预验收，有的是在设备试运行一段时间后才进行验收。另外，对于安装工程量较大（不同于成套设备）、生产线有多台相对独立的设备的情况，可结合具体情况进行区分、分批验收。一般而言，终验收是具有实际约束效应的最后一个检查流程。项目收尾验收包括如下两部分。

（1）内部验收。工程承包商完成其承包合同中约定的全部工程任务，经自检合格，认为具备工程验收交付的条件后，应向项目部提出工程验收申请，项目部接到验收申请后，应由项目经理组织项目部质量管理人员以及公司工程部、质量部、计划部等部门相关人员对工程进行内部验收，形成内部验收记录，验收的主要内容包括对承包商工作任务完成情况的确认、对工程竣工资料的检查、对工程实体质量的检查，对验收过程中发现的问题予以记录和跟踪处理。内部验收记录格式见表 5-28。

表 5-28　工程内部验收记录格式

工程名称	A 项目		
工程地址	××市××区××大街×号		
工程承包商	××公司	××二建	××市房地产集团建筑安装公司
工作范围	土建工程、锅炉房、停车场、道路建设	自来水工程、供电工程、煤气工程、绿化工程、电信工程、排污工程	墙面装修、门窗通风、电梯、卫生洁具、五金、地板、报警监控
开工日期	2011-6-30	2012-12-31	2012-12-31
申请验收日期	2012-12-31	2013-10-31	2013-8-31
工作任务完成情况	完成了承包合同约定范围内的全部工作内容	完成了承包合同约定范围内的全部工作内容	完成了承包合同约定范围内的全部工作内容
工程竣工资料检查情况	工程竣工资料完整齐全，内容格式符合要求	工程竣工资料完整齐全，但部分设备安装施工记录中缺少质检人员签字	工程竣工资料完整齐全，内容格式符合要求
工程实体质量检查情况	工程实体质量合格	工程实体质量合格	工程实体质量合格
针对发现问题的处理措施	无	联系×××安装工程公司项目经理，要求其查明原因，落实整改	无
问题处理跟踪	无	经查，设备安装施工记录缺少质检人员签字为质检人员疏忽造成，已补齐签字，工程竣工资料符合要求	无

合格	合格	合格
内部验收结论	项目部质量管理人员(签字):刘×民 项目经理(签字):吴×伟 其他人员(签字):李×达 2013 年 12 月 15 日	

（2）外部验收。项目部组织完成工程内部验收且验收合格后,项目经理可组织开展项目外部验收(外部验收即竣工验收)。外部验收由项目经理牵头,加上来自设计单位、监理单位、政府主管部门的相关专家组成验收委员会共同落实,同时工程承包单位的相关负责人也应参与。

2）竣工结算与项目交接

项目外部验收(竣工验收)合格后,工程承包商应在约定的期限内向项目部递交项目竣工结算报告及完整的结算资料,项目经理组织项目部及公司相关部门人员进行审查,按结算工程流程最终确定竣工结算。公司应按照项目竣工验收程序办理项目竣工结算并在合同约定的期限内进行项目交接(项目经理组织落实项目交接工作)。

3）竣工决算

在预验收(可能仅针对具体的某种机型)的前提下,结合生产的实际运行情况,统计合同各种约定机种、约定时限下的故障率和质量合格等情况,并且检查预验收和使用过程中的所有问题是否已经解决,据此,进行全额或扣款付账。

在这个过程中,由于进入了实际连续生产的阶段,双方的沟通协商会非常频繁,整改效果也会很好。但是,无论是甲方还是乙方,都要及时存档相关沟通资料以作为后续扣款结算的依据,乙方更需要及时解决故障并培训甲方相关人员,优先满足连续生产的需要。

项目经理负责组织落实项目竣工决算工作,其包括以下内容。

① 项目竣工财务决算说明书。

② 项目竣工财务决算报表。

③ 项目造价分析资料表。

编制项目竣工决算应遵循以下程序。

① 收集、整理有关项目竣工决算依据。

② 清理项目账务、债务和结算物资。

③ 填写项目竣工决算报告。

④ 编写项目竣工决算说明书。

⑤ 报上级有关部门审查。

项目管理工作收尾是指工程结束后,由项目经理组织,项目部全体成员共同参与实施的项目部管理工作的收尾事宜。

4）项目管理资料的收集、整理、归档

工程结束后,项目经理应组织项目部成员通过项目档案管理系统对项目管理过程中产生的过程资料进行统一收集、整理和归档,项目管理资料包括但不限于以下内容。

① 项目质量管理资料。

② 项目时间管理资料。

③ 项目成本管理资料。

④ 项目采购管理资料。

⑤ 项目风险管理资料。

⑥ 项目人力资源及沟通管理资料。

⑦ 其他项目管理过程资料。

5) 项目管理工作总结评价

项目经理还应组织项目部成员编写本项目的项目管理总结评价报告,对项目管理全过程进行回顾、总结和评价,从项目建设过程中汲取经验和教训,作为今后新建项目决策管理时的参考,从而提高决策水平和管理水平。某项目的项目总结报告见表 5-29。

表 5-29　项目总结报告

项目名称		A 项目		
项目经理		吴×伟		
发起人		×房地产公司		
项目目标		3 年内完成该项目,规划建设用地面积 15000 m²,总建筑面积 100000 m²。开工日期为 2011 年 1 月 1 日,工程设计完工日期为 2011 年 6 月 30 日,主体工程完工日期为 2012 年 12 月 31 日。2012 年 12 月 31 日,配套工程与装修工程同时开工,其中,装修工程于 2013 年 8 月 31 日完工,配套工程于 2013 年 10 月 31 日完工。项目工程验收截止日期为 2013 年 12 月 31 日		
项目结果		项目在规定预算和工期内完成,并保证了所有重大里程碑事件都按期完成,同时项目符合规定的质量规范和标准		
范围比较	额外范围	工程设计要提前一个月完成,并且工程设计成本增加 70 万元		
	减少范围	主体建造工程可于 2012 年年初适当延后一个月,主体工程实际施工总时间随之减少一个月		
项目成本绩效		预计成本	实际成本	成本差额
		29330 万元	29936 万元	606 万元
进度绩效	项目完成日期	预计时间	实际时间	
		2013 年 12 月	2013 年 12 月	
	时间偏差解释	在项目实际执行过程中,部分阶段的进度与计划有所出入,如工程设计的完工时间由 2011 年 7 月 31 日改为 2011 年 6 月 30 日;主体工程开工时间由 2011 年 7 月 31 日改为 2011 年 6 月 30 日,但在项目部的协调下,项目最终如期完成,总体完工时间与计划相符		

续表

项目过程中遇到的 主要障碍	① 沟通的有效性不足； ② 由于地基铺设环节正好赶在春天雨季来临时,考虑到可能会对项目主体工程的顺利进行带来阻碍,故对项目的整体进度进行了相应的变更
解决各种障碍 采取的相应措施	① 项目与政府主管部门、当地居民的沟通由项目办公室负责,项目团队内部、项目部与公司的沟通由项目经理负责,项目与设备供应商的沟通由技术部门经理负责,项目与银行的沟通由商务部门经理负责,各司其职的专业对口使项目与内外环境实现了有效的沟通,确保项目获得所需的资源与支持,具体落实到各责任人； ② 将施工工程开始时间由 2011 年 7 月 31 日改为 2011 年 6 月 30 日,工程设计完工时间亦随之提前一个月

【思考与练习】

5-1　对附录 A 中的案例进行工作分解结构划分。

5-2　查找相关资料,结合当前市场行情,对附录 A 中的案例精选项目进行成本预算。

项目6
工业机器人青铜止回阀自动上下料项目

本项目以工业机器人青铜止回阀自动上下料项目为例,将产品研发流程与项目管理流程进行有机的结合,研发人员专注于新产品、新技术、新材料和新工艺的研发,项目管理人员负责研发项目的成功交付,业务线和管理线相互融合,各司其职,共同完成新产品的准时交付工作。

工业机器人青铜止回阀自动上下料3D效果图见图6-1。

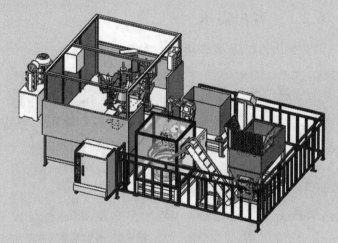

图6-1 工业机器人青铜止回阀自动上下料3D效果图

◀学习要点

1. 掌握工业机器人青铜止回阀自动上下料项目方案的设计内容。

2. 掌握工业机器人青铜止回阀自动上下料项目方案审核的相关内容。

◀ 6.1 项目背景 ▶

目前低端阀门和民用阀门市场的主要产品为铸铁阀门和青铜阀门,因其产品需求量大、技术含量低,以及进入门槛不高,出现了大量的家庭式、作坊式的小阀门生产企业,导致市场竞争程度高、利润水平低。由于阀门供应逐渐由单一阀门生产厂家向多品种和多规格生产厂家发展,单个设备或者工程项目所需的阀门,全部由一家阀门生产厂家提供的趋势越来越明显。阀门企业小而散的格局将被打破,市场份额的逐步集聚成为趋势。

尽管相对了解客户需要,我们仍然需要多次咨询客户,仔细听取客户的要求,来明确装置的目的。同样,设计团队通过充分的市场分析,研究类似的产品,综合考虑利益的相关者与潜在利益者,给出市场分析总结,如产品详情、种类、产量节拍、现有生产情况、工艺质量要求、现场环境、经济性、可行性等。

◀ 6.2 客户需求分析 ▶

6.2.1 客户需求

客户给出的产品(青铜阀座)实物图见图 6-2。

图 6-2 青铜阀座实物图

1. 产品的功能与满足功能的总体参数

① 产品规格:青铜阀座铸件(铸件样品)。

② 产品特性:表面不能有划伤。

③ 专机上下料:要求全自动上下料替代人工上下料。

④ 供料系统:叉车一次性供料生产时间为 4 小时。

⑤ 产量:≥36 PCS/h。

⑥ 加工要求:阀座两侧孔要求钻孔、攻丝、倒角,顶部钻孔、攻丝、倒角。

⑦ 设备供应:结合原有钻孔、攻丝、倒角一体机专用设备。

⑧ 外围供应:工业电 380 V、50 Hz,气源压力 0.6 MPa。

⑨ 系统监控:采用感应器远程控制。

以上信息写入客户需要说明书内。

2. 系统功能

(1) 铜阀自动上下料,进行自动钻孔、攻丝、倒角。要求可靠性高,便于维护和保养。

(2) 目前人工装配,要求改为机器人自动上下料。

(3) 设计要求:≥36 PCS/h。

整理相关资料见表 6-1。

表 6-1 项目设计需要及工艺要求

项目名称	工业机器人青铜止回阀自动上下料系统集成项目	
功能要求	较高的可靠性、维修方便、性价比高	
技术协议要求		
序号	项目	技术指标和功能要求	备注
1	产品规格	闸阀编号 108,型号 Z15W-20T(15,20,25); 球阀编号 216H,型号 Q11F-20T(15,20,25); 止回阀编号 401A,型号 H14X-16T(15,20,25)	
2	产品特性	青铜阀座铸件	见铸件样品
3	设备布局	产品导向布置	以草案布局
4	生产效率	产量:≥36 PCS/h,叉车一次性供料生产时间为 4 小时	
5	工艺要求	由原人工操作工艺升级为自动化替代工艺,经讨论后,工艺如下: 电动叉车将毛坯产品倒入料仓,当输送带底部感应器没有感应到信号时,就会通知料仓振动电机振动及顶料气缸、移动滑板动作,直至输送带感应器接收到料满信号方停止动作;当振动盘内感应器(机器人程序扫描)没得到信号时,证明振动盘毛坯件较少,此时机器人便会通知输送带输料至振动盘;当振动盘毛坯件振到料口时,机器人捡料感应器收到信号,便开始运行到直振器抓取工件,然后运动到加工机取料口,机器人先将加工机上的成品夹取,然后再将毛坯件放至加工机夹持,最后将成品放至成品料筐中	

3. 系统设计方案

应客户公司要求,青铜阀座上下料自动装夹系统包括:①四套闸阀装夹系统;②五套球阀装夹系统;③一套止回阀装夹系统。

每套装夹系统提供 DN(15,20,25)、SIZE(1/2,3/4,1)三套夹具。

根据客户公司提供的彩图资料,我公司设计的对应产品夹具分三类,分别为以下阀体:

① 闸阀编号 108,型号 Z15W-20T(15,20,25);

② 球阀编号 216H,型号 Q11F-20T(15,20,25);

③ 止回阀编号 401A,型号 H14X-16T(15,20,25)。

客户公司提供的样品为闸阀 Z15W-20T(108)15、20 及 25 三款;球阀 Q11F-20T(216H)

15、20 及 25 三款；止回阀 H14X-16T(401A)15、20 及 25 三款(见图 6-3 至图 6-5),其外形尺寸见表 6-2。

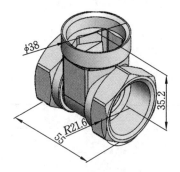

图 6-3 108-25-12 模型

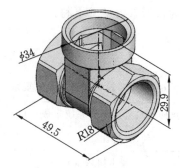

图 6-4 108-20-12 模型

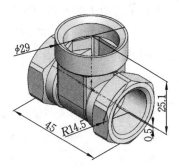

图 6-5 108-15-12 模型

表 6-2 待加工产品关键尺寸明细表

序号	型号	总长 /mm	中心高 /mm	六角外圆 /mm	顶部外圆 /mm	中心偏距 /mm
1	108-15-12	45	25.1	$\phi29$	$\phi29$	0.5
2	108-20-12	49.5	29.9	$\phi36$	$\phi34$	0.5
3	108-25-12	55	35.2	$\phi43.2$	$\phi38$	0.5

6.2.2 信息收集

本项目的信息收集主要包括：①背景知识、产品知识收集；②专机原理、关键相关联尺寸、外形尺寸收集；③工艺原理、工艺要求、检验标准等信息收集；④针对铜阀铸件进行输送、定位、剔除、下料等功能信息收集；⑤技术沟通、现场沟通、技术分析信息收集。

1. 产品动作构思

(1) 工业机器人：替代人工，且优于四轴 SCARA 水平多关节机器人。

(2) 工业机器人末端操作器：根据铜阀零件的材质与尺寸，用气缸抓取是合理的。也可采用其他方式，如电动、液动，通常以合理为佳。

(3) 供料缓冲区：振动盘已是成熟定制产品，能达到客户要求，若要创新，则可采用气缸顶料专用设备，为此可专门设计一套非标送料机器。

(4) 定位装置：此位置比较小，定位夹持的力不需要很大，气缸的夹持力足矣，建议用气缸而非其他机械传动装置机构。

(5) 输送机：输送机的传输目的是延长产线时间，以及给振动盘上料，一次供料与等料时间都由专机加工时间决定，可借鉴饮料生产线的设计，一般都是输送带、爬坡线加时设计。

(6) 上料仓：叉车上料决定上料系统供料时间，大容量的供料需采用漏斗式振动间隙间歇式批量下料，一个产品的加工时间为 10 s,计算供料系统一次性上料至少为 1440 PCS。

(7) 异常检测：可以在振动盘中检测剔除，也可在生产中进行检测。

(8) 自动下料：半成品下料收集筐，需要客户现场使用后，考虑其尺寸与定位及叉车便利性。

（9）安全护栏：客户没有提出，但需要考虑进去，先布置安全护栏位置与开门位置。

（10）铜屑收集：需要考虑备用，若提出，则可在现有基础上提供解决方案。

2. 模块化功能设定

通过工艺加工分析，将模块化功能结构按工艺顺序进行布置（见图 6-6）。整套工艺过程包括物料的装卸、存储和输送；专机内工件的钻孔、攻丝及排屑的收集、冷却液的净化处理等。零件具体加工工艺由专机定制完成，本项目主要针对批量上料与自动筛选产品。

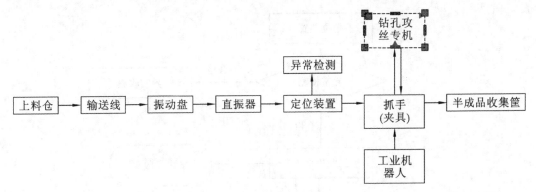

图 6-6 功能结构草图

产品对应的每个模块化功能结构都有很多种机构设计方式。铜阀自动上料采用输送线结合振动盘的典型方式，是考虑到实际产品加工速度与间歇性送料时间、自动上料的时间节拍、与铜阀之间的摩擦等因素。

3. 工艺流程图

通过对产品的了解、与客户现场原有加工工艺的对比，进行了工艺流程设定，将专机、工业机器人等组合为新的工艺流程（见图 6-7）。

运动机构的升降、伸缩、旋转等独立运动方式，称为机械手的自由度。为了抓取空间中任意位置和方位的物体，需要有 6 个自由度。自由度是自动化机械手设计的关键参数，自由度越多，自动化机械手的灵活性越大，通用性越广，其结构也越复杂。

客户现场人工操作时，通过动作对比，工业机器人操作可以轻松代替人工操作，因此，在工艺流程中，综合对比选用六轴的工业机器人要优于四轴的 SCARA。

4. 工艺原理

在青铜阀体专机加工生产线中，在专机上加工时需要完成装夹、卸取工件，这些工作一般都需要人工完成。

上下料加工生产的基本操作原理是在 PLC 程序操控的条件下，通过选用气压传动方法来完成执行机构的相应部位，以实现有次序、有运动轨道、有必定速度和时刻的动作的。按操控体系的信息对执行机构发出指令，必要时可对机械手的动作进行监视，当动作出现错误或故障时，系统会发出报警信号。方位检测设备会实时将执行机构的实际方位反馈给控制系统，并与设定的方位进行比较，然后经过控制系统的调整，从而使执行机构以必定的精度到达设定方位。

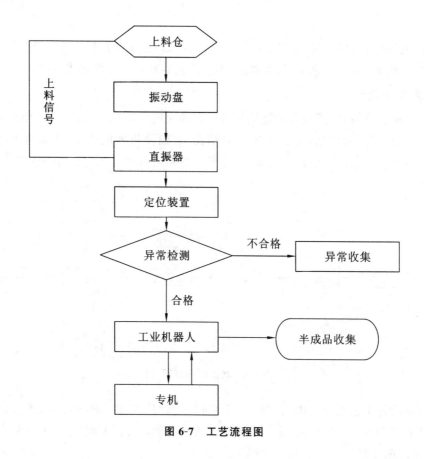

图 6-7 工艺流程图

◀ 6.3 拟订方案 ▶

了解四大传动方式(机械传动、气压传动、液压传动、电气传动)的形式和优缺点,通过对比选择合理的传动方式和传递路线。传动过程是从原动机到执行机构,传动过程可以理解为将原动机的功率重新分配,最终实现执行机构的转动(要求的扭矩和转速)或直接运动。

1. 系统集成主要设备及品牌

设备单初稿见表 6-3。

表 6-3　主要设备及品牌配置表

序号	代号	型号、规格	数量	品牌	备注
1	IRB 140 工业机器人	IRB 140	1	ABB	
2	工业机器人末端操作器	铝材	1		自制
3	工业机器人底座	钢构焊接件	1		自制
4	电气控制柜	PLC、电气元件	1	施耐德、正泰、天逸	

序号	代号	型号、规格	数量	品牌	备注
5	安全护栏	钢管焊接	1		自制
6	专机		1		客户专用
7	输送带		1		自制
8	振动盘、直振器		1	东莞怡合达	
9	气动系统		4	SMC	
10	机、电、气辅材		1		

2. 功能布置规划

依据客户的需求与我们的调研结果分析,结合铜阀铸件自动上下料生产过程,需要规划输送、定位、剔除、下料等功能。再通过典型案例快速地进行机械设计构思。方案设计中的功能草案布置见图 6-8。

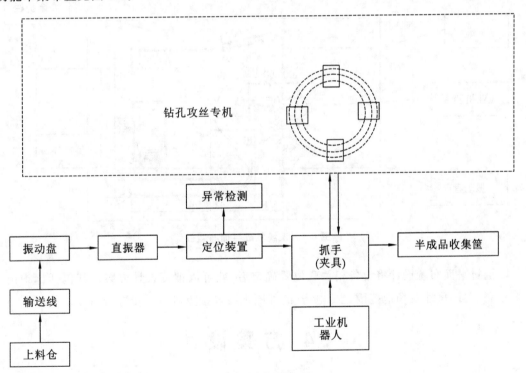

图 6-8　功能布置图

根据青铜止回阀自动上下料系统的生产工艺过程,可将青铜阀坯件的系统集成拆分为以下几个功能机械:

(1) 供料机构(上料仓);

(2) 输送线(转接产品分批输送);

（3）振动盘（产品排序过程）；

（4）直振器（产品推料过程）；

（5）定位装置（限位与异常检测机构）；

（6）机器人抓手；

（7）专机（定制）；

（8）半成品收集筐；

（9）远程控制台。

青铜止回阀自动上下料系统是通过物料的输送系统将各种自动化加工设备和辅助设备按工艺顺序连接起来，并在远程控制系统中按一定的生产节拍、顺序通过各个工位，自动完成单个产品预定的全部加工过程和部分检验过程的复杂系统。

3．平面布置

依据现有的标准模块，按功能位置布置。机器人、振动盘、专机、草案中的尺寸仅供参考，最终以实际设计的图纸为准。系统集成平面布置见图 6-9。

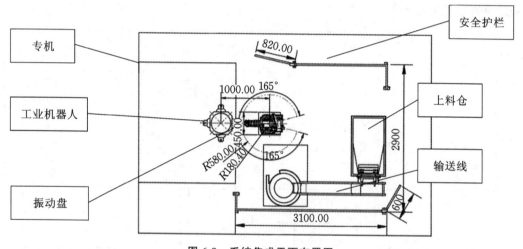

图 6-9　系统集成平面布置图

通过平面布置设计将设备相关联位置确定后，就可以拟订设计方案。其包括标识出主要设备、关键尺寸及场地范围，水、电、气的外围走线连接点可以同步进行布置。

◀◀ 6.4　方案设计 ▶▶

1．草案设计

通过各类典型机构快速设计三维方案进行大体设备集成设计，一些关键点必须考虑清楚并展示出来，方案设计把握大方向；用 3D 图或者 PPT 的形式，对设备方案进行评审论证。

2．机械设计计算

通过计算确定各个外购件的参数，再选择厂家进行参数和价格对比，最终确定合理的外购件配置和外形尺寸。已经确定的外购件在尺寸和整机结构形式上考虑各部件的布置方式,充分考虑装配、维修及一些特殊要求。

图 6-10 中 F 为手指对工件的夹持力,F_1 为夹紧缸活塞杆的推力。

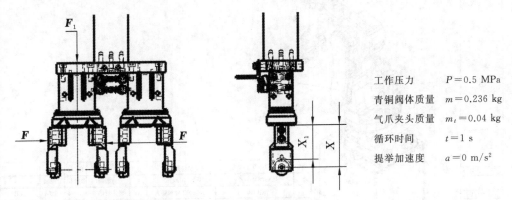

工作压力	$P = 0.5$ MPa
青铜阀体质量	$m = 0.236$ kg
气爪夹头质量	$m_t = 0.04$ kg
循环时间	$t = 1$ s
提举加速度	$a = 0$ m/s^2

图 6-10　气缸计算尺寸图

根据公式 $F = \dfrac{m \times g \times S}{2 \times \mu}$,选取 $g = 9.81$ m/s^2,安全系数 $S = 4$,$\mu = 0.15$,计算后得出,夹

持力 $F = \dfrac{0.236 \times 9.81 \times 4}{2 \times 0.15}$ kg · m/s^2 = 30.87 kg · m/s^2 = 30.87 N。

气缸夹持力参数表见表 6-4。

表 6-4　气缸夹持力参数表

带防尘罩型气爪

动作方式	型号	夹持力 F/N （每个手指夹持力的有效值）		开闭行程 （两侧） /mm
		外径夹持力	内径夹持力	
双 作 用	MHZJ2-6D	3.3	6.1	4
	MHZJ2-10D	9.8	17	4
	MHZJ2-16D	30	40	6
	MHZJ2-20D	42	66	10
	MHZJ2-25D	65	104	14

3. 系统设计

根据具体的情况,得到笼统的设计方案,必须将关键点考虑清楚并展示出来,原则上方案的设计是把握大方向。

4. 细节设计

细节设计包括总装图、组装图、零件图、生产清单等,见图 6-11 至图 6-14 及表 6-5。

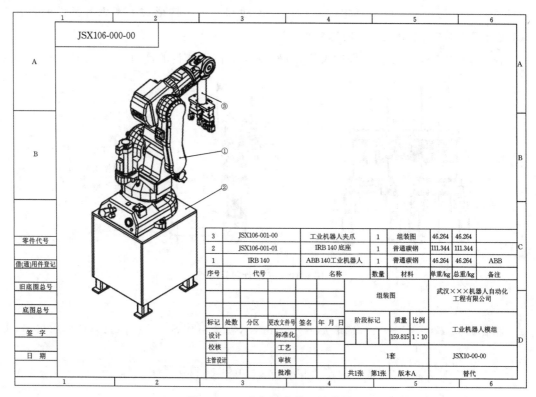

3	JSX106-001-00	工业机器人夹爪	1	组装图	46.264	46.264	
2	JSX106-001-01	IRB 140 底座	1	普通碳钢	111.344	111.344	
1	IRB 140	ABB 140工业机器人	1	普通碳钢	46.264	46.264	ABB
序号	代号	名称	数量	材料	单重/kg	总重/kg	备注

						组装图		武汉×××机器人自动化 工程有限公司	
标记	处数	分区	更改文件号	签名	年 月 日	阶段标记	质量	比例	工业机器人模组
设计			标准化				159.815	1：10	
校核			工艺						
主管设计			审核			1套			JSX10-00-00
			批准			共1张	第1张	版本A	替代

图 6-11   工业机器人模组总装图

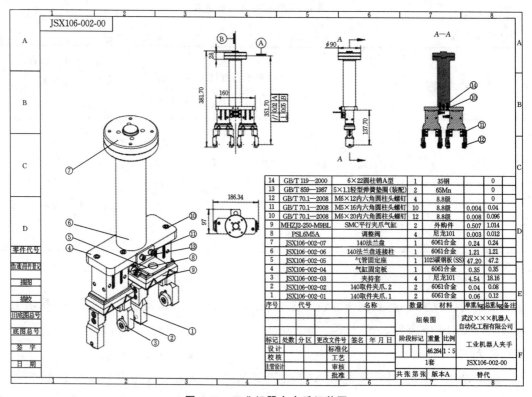

14	GB/T 119—2000	6×22圆柱销A型	1	35钢		0	
13	GB/T 859—1987	5×1.1轻型弹簧垫圈(装配)	2	65Mn		0	
12	GB/T 70.1—2008	M6×12内六角圆柱头螺钉	4	8.8级		0	
11	GB/T 70.1—2008	M5×16内六角圆柱头螺钉	10	8.8级	0.004	0.04	
10	GB/T 70.1—2008	M6×20内六角圆柱头螺钉	12	8.8级	0.008	0.096	
9	MHZJ2-250-M9BL	SMC平行夹爪气缸	2	外购件	0.507	1.014	
8	PSL6M5A	调整阀	2	尼龙101	0.003	0.012	
7	JSX106-002-07	140法兰盘	1	6061合金			
6	JSX106-002-06	140法兰盘连接柱	1	6061合金	1.21	1.21	
5	JSX106-002-05	气管固定座	1	1023碳钢板(SS)	47.20	47.2	
4	JSX106-002-04	气缸固定板	1	6061合金	0.35	0.35	
3	JSX106-002-03	夹持套	4	尼龙101	4.54	18.16	
2	JSX106-002-02	140取件夹爪.2	2	6061合金	0.04	0.08	
1	JSX106-002-01	140取件夹爪.1	2	6061合金	0.06	0.12	
序号	代号	名称	数量	材料	单重/kg	总重/kg	备注

						组装图		武汉×××机器人 自动化工程有限公司	
标记	处数	分区	更改文件号	签名	年 月 日	阶段标记	重量	比例	工业机器人夹手
设计			标准化				46.264	1：5	
校核			工艺						
主管设计			审核			1套			JSX106-002-00
			批准			共张	第张	版本A	替代

图 6-12   工业机器人夹爪组装图

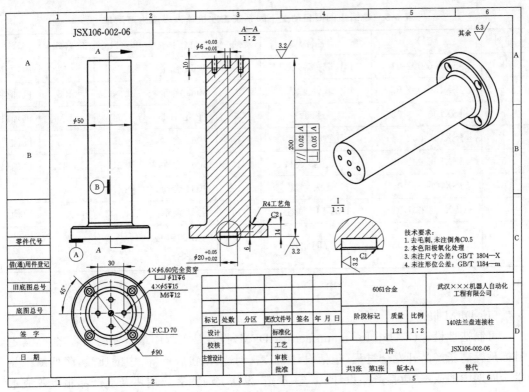

图 6-13　140 法兰盘连接柱图纸

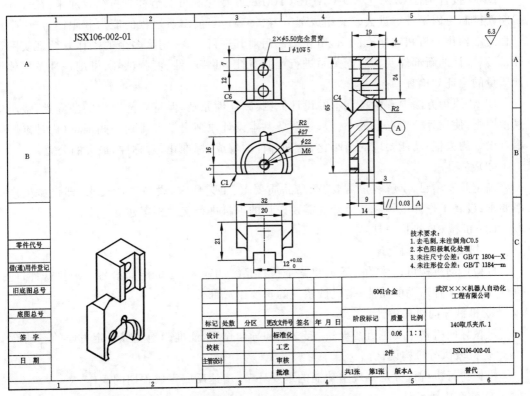

图 6-14　140 取件夹爪图纸

表 6-5　青铜止回阀自动上下料系统工业机器人模组生产清单

序号	代号	名称	数量	材料	单重/kg	总重/kg	备注
1	JSX106-002-01	140 取件夹爪.1	2	6061 合金	0.06	0.12	机加件
2	JSX106-002-02	140 取件夹爪.2	2	6061 合金	0.04	0.08	机加件
3	JSX106-002-03	夹持套	4	尼龙 101	4.54	18.16	机加件
4	JSX106-002-04	气缸固定板	1	6061 合金	0.35	0.35	机加件
5	JSX106-002-06	140 法兰盘连接柱	1	6061 合金	1.21	1.21	机加件
6	JSX106-002-07	140 法兰盘	1	6061 合金	0.24	0.24	机加件
7	JSX106-001-01	IRB 140 底座	1	普通碳钢	111.344	111.344	钢构件
8	JSX106-002-05	气管固定座	1	1023 碳钢板（SS）	47.2	47.2	钣金件

5. 详细设计

（1）DFM 报告。

可制造性设计（design for manufacture，DFM）报告是工程中最重要的内容之一，其主要目标是提高新产品开发全过程（包括设计、工艺、制造、销售服务等）中的质量，降低新产品全生命周期中的成本（包括产品设计、工艺、制造、发送、支持、客户使用乃至产品报废等成本），缩短产品研制开发周期（包括减少设计反复，减少设计、生产准备、制造及投放市场的时间）。

DFM 报告是把 CAE/CAD/CAPP/CAM 的集成化和可制造性分析结合起来，在设计的初期就把制造因素考虑进去。其组成部分有：①确认当前制造过程的能力和限制，产生生产过程的结构化分析和数据流向图，由相关部门对其进行审查，剔除多余的操作并验证实际过程；②对设计的新部件及其装配关系进行可制造性、可装配性、可测试性、可维护性及整体设计质量的论证和检查。

DFM 原理方法中有两条基本的设计原则：独立性原则，保持功能要求的独立性；最小信息量原则，使设计的信息量最小。从这两条基本设计原则出发可得到一些推论（设计准则）：耦合设计的去耦；功能要求的最小化；物理部件的集成、标准化；对称性；最大的公差。

（2）立项。

确定开发项目，了解客户需要：产品品质要求、工艺要求；设备产能要求，即设备生产效率要求；设备工作环境等。已经确立需要设计的项目进行文件档案建立审批。

（3）机械 3D 机构设计。

① 机械传动机构设计。

机械传动机构可以将动力源或将某个执行系统的速度、力矩传递给另一个执行件，使该执行件具有某种运动的功能，是机械系统的重要组成部分。

② 机械导向机构设计。

机械导向机构主要是直线导轨，起支承和导向作用，能准确地完成特定方向的运动。

③ 机械执行机构设计。

机械执行机构设计是实现主功能的重要环节，快速反应完成预期的动作。

④ 轴系机械设计。

轴系机械设计主要考虑轴系的旋转精度、刚度、热变形及抗震性等要求。

⑤ 机座或机架机构设计。

机座或机架机构由刚性较好的型材装配或者焊接而成,对关键表面及相对位置精度有一定的要求。

6. 总体方案设计

总体布置图(3D效果图)见图6-15。

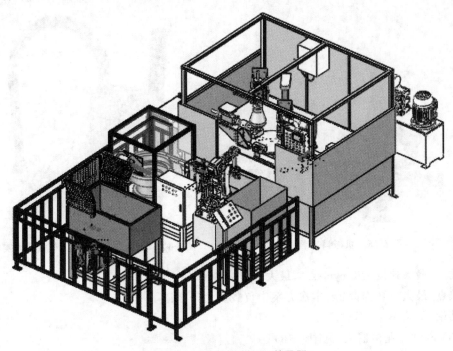

图6-15 总体布置图(3D效果图)

评估步骤如下。

(1) 查明技术的基本情况,包括该方案主要技术参数、实施方法、现在或将来的应用和发展、开发所需投资以及可替代的技术。

(2) 影响计算,也称价值计算,主要是对企业决策的影响,包括直接和间接的影响。

(3) 整理和分析影响,找出不利影响以确定相对重要性,采取对策消除或者减少。

(4) 研究对策,比较各种策略,讨论其利弊,视用户要求推荐合理方案。最后提供报告,对各种可能采取的行动和策略方案作出客观的比较、分析,以便决策者作出最佳的选择。

(5) 以上步骤有时需要反复进行。

由于技术评估不仅涉及技术本身(往往又都是新技术),还涉及设计、加工工艺、生产组装、市场销售与维护方面的问题,通常除了建立专门的评估小组外,还需要邀请有各种专长的专家组成顾问小组,以保证评估结果能代表各方观点。

设计方案评审包括总体方案评审、专业设计方案评审、设计方案审核。

7. 设计方案比较

工业机器人替代人工的方式有 XYZR 机械臂、四轴 SCARA 水平多关节机器人、六轴工业机器人。根据专机产品自动上下料的方式与速度,这三者中工业机器人明显要优于其他两种方式,是性价比最优的一种。

(1) XYZR 机械臂(见图 6-16)。

优点:每个运动自由度之间的空间夹角为直角,能够精确定位。

缺点:与专机匹配时,悬臂过长,挠性过大。

结论:不建议使用。

(2) 四轴 SCARA 水平多关节机器人(见图 6-17)。

图 6-16　机械臂实物图

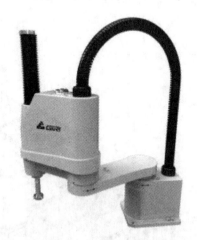

图 6-17　SCARA 水平多关节机器人实物图

优点:最大速度为 2 cycles/s,最大臂展为 600 mm。

缺点:最大负载为 2 kg,本次方案中负载要大于 2 kg。

结论:负载不足,不建议使用。

(3) 六轴工业机器人(见图 6-18)。

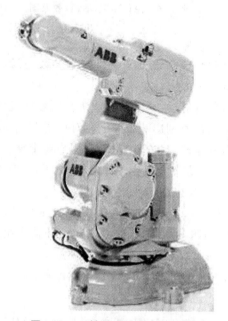

图 6-18　六轴工业机器人实物图

优点：高达 6 kg 的有效载荷和长达 810 mm 的到达距离使其成为同类机器人中的佼佼者。

缺点：相比前两者，价格更高。

结论：向客户推荐优选六轴工业机器人（ABB IRB 140），建议采纳使用。

8. 设备选型

模拟工业机器人固定中心与专机设备加工旋转中心距离：水平摆放距离为 1000 mm。离地高度为 500 mm（见图 6-19 至图 6-22）。

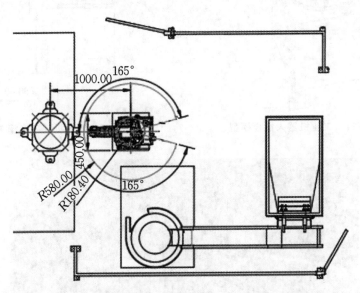

图 6-19　工业机器人青铜止回阀自动上下料水平地面布置距离

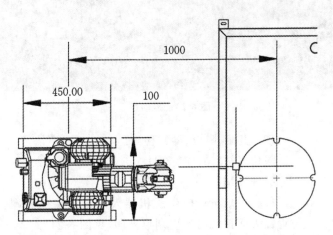

图 6-20　工业机器人与攻钻倒角一体机水平地面布置距离

（1）振动盘。

顶盘最大直径：900 mm（定制）。

振动盘（见图 6-23）尽量选用噪声低的设备，同时还应采取其他措施，如机械搬运钢管时，在接触部位加设橡胶保护套、消音器、隔音板。

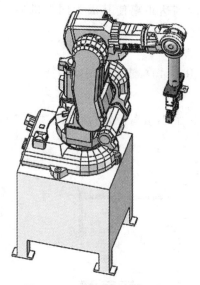

图 6-21　工业机器人组合模型

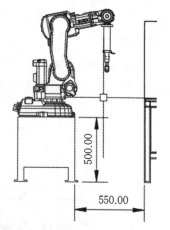

图 6-22　工业机器人底座关联尺寸

图 6-23　振动盘

图 6-24　工业机器人
夹爪造型

（2）直振、限位、异常检测。

限位气缸：MHZ2-32D。

品牌：SMC。

气缸夹爪设计应考虑机器人夹具抓取位置，其材质应考虑避免与青铜表面接触时产生划痕夹印（见图 6-24）。

此组由多模块组成，包括直振器、限位装置、异常感应检测装置。限位装置与异常检测装置见图 6-25。

（3）半成品收料筐。

收料筐草图效果见图 6-26。

（4）输送线（提升机）要求。

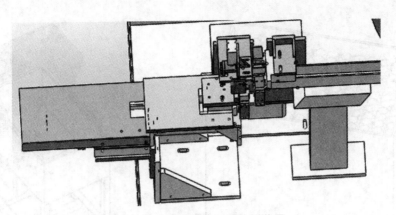

图 6-25 限位装置与异常检测装置

动力:200 W 电子马达驱动,1/2HP 变频调速。

速度:0～10 m/min 可调。

马达传动比:1:15。

电压:220 V。

输送带效果图见图 6-27。

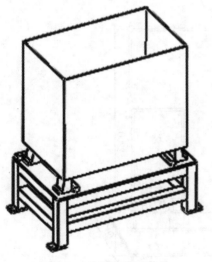

图 6-26 收料筐草图效果

图 6-27 输送带效果图

(5)供料系统要求。

零件材质:青铜。

零件质量:0.236 kg。

零件工艺时间:10 秒/件。

供料时间:4 时/次(具体以客户实际指定为准)。

通过给出的参数计算出一次性供料完成数量为 $n = 4 \times 3600 \div 10$ 件 $= 1440$ 件,上料仓容量为 $m \times n = 0.236$ kg $\times 1440 = 339$ kg。

供料系统(产品布置)方案图见图 6-28,供料系统(上料仓)方案图见图 6-29。

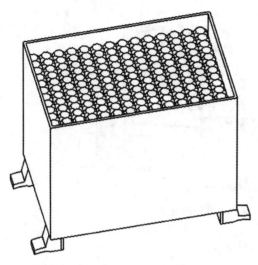

图 6-28　供料系统(产品布置)方案图

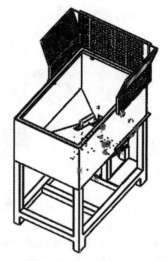

图 6-29　供料系统(上料仓)方案图

(6) 护栏外围尺寸、护栏门开放位置。

安全护栏设计要便于开关门,又要考虑到叉车装卸料料筐与人员维护(见图 6-30)。

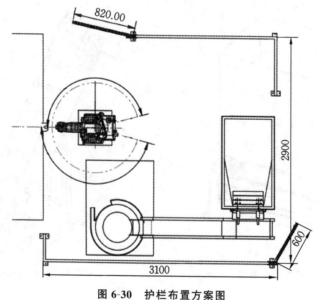

图 6-30　护栏布置方案图

◀ 6.5　方案评审与设计图纸评审 ▶

6.5.1　方案评审

方案评审目的是确定概念方案以及产品设备指标,其主要包括总体方案评审、专业设计方案评审、设计方案审核三个方面,组织设计时,至少要进行一次与客户交流的中期评审,以便掌握设计进度和设计方向(见表 6-6)。

表 6-6 方案评审指标

评审内容		文件要求	备注
概念设计过程	提供青铜止回阀自动上下料系统的设计原则与构思	平面布置图、工艺流程图、工序节拍、各个设备相关信息资料	项目公司工程部、市场部、售后部、采购部、财务部、生产工艺部、制造装配部等提供专业意见,组织评审审批
	资料准备:技术指标或者性能指标	方案设计任务书、设计规划、进度计划等	
设计意向	生产物料的前后关键技术点设计		
	各功能设备设计介绍		
	拆分系统单元设计介绍		
	借用设计意向		
方案	青铜止回阀自动上下料逆向设计方案思路		
	各设备草案、模型非实物特征		
	方案设计中,需要寻求的外援技术支持		
成本估算	各设备独立估算成本		
	青铜止回阀自动上下料系统汇集成本		
	外购设备成本与自制设备成本价格比较		
	估算成本与实际成本比较		

除此之外,还应有概念性方案设计阶段图纸:总布置图、外围设备的功能分区与产品零件图、客户公司提供的原始图纸,机械、电气、控制等方面的要求以及实际场地的厂房布置图。这些都与后期设备进场、地面走线、地脚螺丝固定等有关。

6.5.2 设计图纸评审

图纸(见图 6-31、图 6-32)审查按以下方法来完成。

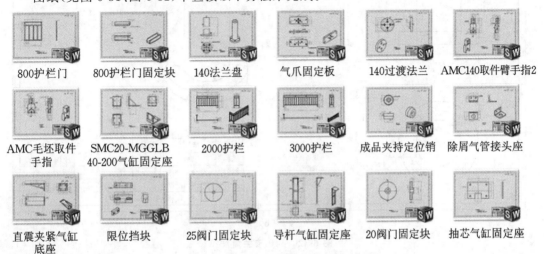

800护栏门	800护栏门固定块	140法兰盘	气爪固定板	140过渡法兰	AMC140取件臂手指2
AMC毛坯取件手指	SMC20-MGGLB 40-200气缸固定座	2000护栏	3000护栏	成品夹持定位销	除屑气管接头座
直震夹紧气缸底座	限位挡块	25阀门固定块	导杆气缸固定座	20阀门固定块	抽芯气缸固定座

图 6-31 Solidworks 软件二维图纸出图

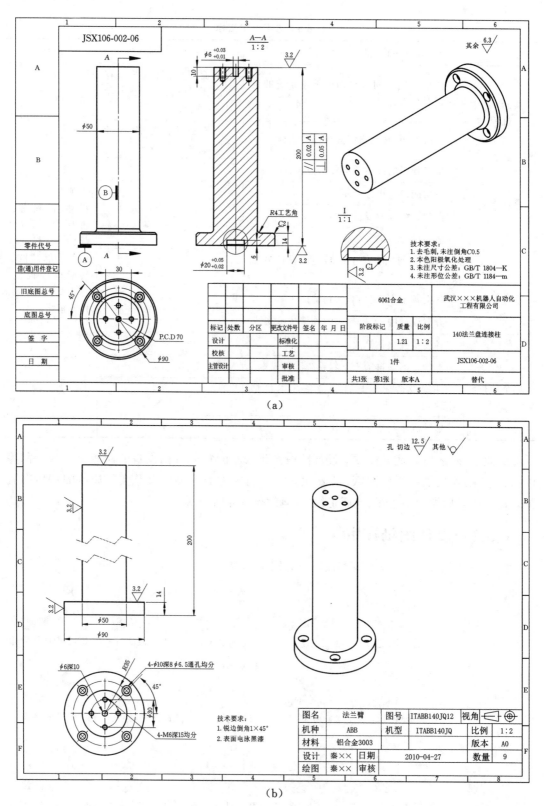

图 6-32　140 法兰盘图纸

（1）图纸目录审查。

（2）总装配图的审查。

①视图的完整性；②视图的正确性；③结构或者布置的合理性；④装配的正确性；⑤运动和传动、线性尺寸的正确性；⑥公差。

……

◀ 6.6 专用设备及元器件订购、机加工件加工制造 ▶

1. 输送线专用设备

提供全套机械设计图纸、技术协议、合同文件范本。

爬坡输送线设计图纸见图 6-33。

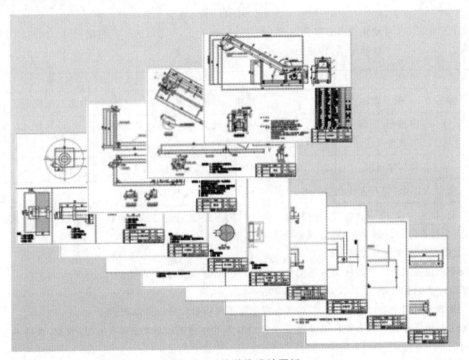

图 6-33　输送线设计图纸

爬坡输送线技术规范如下。

（1）规格：$L1718 \times W200$（有效宽）$\times H1136$mm（最高点）。数量：1 条。

（2）制作要求：

① 脚架采用 40 mm×40 mm×0.3 mm 方通钢管，表面烤漆处理。

② 导轨采用厚 2 mm 冷轧板折弯成型，表面烤漆处理。

③ 导轨内骨架采用 30 mm×30 mm 角铁制作。

④ 输送带采用厚 3 mm PVC 防滑皮带，防滑采用钻石波纹，底部采用厚 1.2 mm 镀锌板托皮带，托板之间采用 ϕ25 镀锌滚筒托皮带，下层采用 ϕ25 镀锌滚筒托皮带。

⑤ 动力采用东力牌 200 W 电子马达驱动，1/2HP 变频调速；速度：0～10 m/min 可调。马达传动比：1：15。电压：220 V。动力马达、减速箱、控制电箱、变频器由客户负责。

⑥ 动力滚筒及张紧滚筒采用 $\phi75$ mm 滚筒,动力滚筒表面滚花处理,张紧滚筒采用 M12 螺杆张紧。

⑦ 主动链轮采用 $P=12.7$ mm、15 齿链轮,被动链轮用 $P=12.7$ mm、25 齿链轮。

⑧ 压带轮采用赛钢胶粘合固定。

⑨ 输送线封板采用厚 1.2 mm 冷轧板制作,表面喷粉处理。

⑩ 脚架安装采用底座 $40\times$ 丝杆直径 $M10\times$ 高 100 可调地脚杯。

⑪ 落料槽采用厚 3 mm,A3 板制作,内部贴 PVC 胶皮,表面喷粉处理。

⑫ 整体喷粉处理。

爬坡输送线合同见图 6-34。

客户名称:

联系人: TEL/FAX:

报价清单

制造商:深圳市××自动化设备有限公司   日期:2010/04/22

联系人:×××   联系电话:1382523××××   编号:2010042201

序号	项目名称	规格及技术说明	数量	金额(元)
1	爬坡输送线动力装置	马达座、传动配件等(动力马达、马达减速器、控制箱、变频器)由客户负责	1 套	2500
	爬坡输送线	$L1718\times W200$(有效宽),爬坡角度 35°	1 条	9400
	合计人民币:壹万壹仟玖佰圆整	(￥:11900.00 元)(不含税)		

交货日期:收到定金 10 个自然日厂内制作完毕。付款方式:定金付 60%,验收合格付清 40% 余款。

保修:人为因素除外保修一年(售后服务专线:0755-2793××××),终身维护。

备注:①按本公司常规方式制作;

②本设备不包括机外之电源线及其他配置,水、电、气由客户接入我方设备;

③安装后一天内如未使用、验收,视为验收合格;

④本设备如未付清全款,所有权归卖方,非本报价范围内项目需另行协商报价;

⑤收款时必须凭本公司财务委托书及加盖本公司财务专用章的收款收据(或发票)收款,否则本公司概不认可;

⑥此报价不含税。

无论是复印本或者是正本,本报价单一经双方签署,即成为有效合约,即时生效。

买方签署:(盖章)   卖方签署:(盖章)

图 6-34 爬坡输送线合同

2. 元器件采购

1)电气元件

电气元件采购清单见图 6-35。

计划 ID						××××× 有限公司				
图样代号		电气元件清单				标记	修改单	修改者	修改日期	
设计						检验	编号			
审核		申请日期：		限购日期：						
审定		设备名称：青铜止回阀自动上下料系统								
批准		客户名称：××××× 有限公司								

序号	材料名称	规格型号	需求数量	品牌厂家	材料技术参数	功能说明	所属装配代号	备注
1	电源切断开关	HZ12-25	1	乐清格力电器		电源总开关		
2	断路器	C32N D06/3P	1	施耐德	3P 6 A	电机保护		
3	断路器	C32N D03/2P	2	施耐德	2P 3 A	插座保护		
4	断路器	C32N D03/1P	1	施耐德	1P 3 A	插座保护		
5	热继电器	LR2-D1308C	1	施耐德	2.5～4 A	电机热保护		
6	中间继电器	RXL 2A12B2P7	1	施耐德	12 A/线圈 AC220 V	电源启动控制		
7	中间继电器	RXL 2A12B2BD	2	施耐德	12 A/线圈 DC24 V	控制转换		
8	继电器插座	RXZE1S108M	3	施耐德				
9	控制变压器	JBK3-400VA	1	德力西	380 V/220 V/400 VA			
10	平头带灯按钮	XB2-BW33M1C	1	施耐德	绿色/AC220 V	控制送电		
11	急停按钮	XB2-BS542C	1	施耐德	旋转复位/ϕ40	紧急停止		
12	两位旋钮	XB2BD25C	1	施耐德		手/自动选择		
13	平头按钮	XB2-BA31C	2	施耐德	绿色	补料/加料开始		
14	平头按钮	XB2-BA61C	1	施耐德	蓝色	报警复位		
15	平头按钮	XB2-BA42C	1	施耐德	红色	加料停止		
16	指示灯	XB2-BVB5C	5	施耐德	黄色	自动循环状态		
17	按钮孔塞		2	上海二工				
18	三色灯	TL50	1	上海二工	红-黄-绿/DC24 V	工作状态显示		
19	蜂鸣器		1		DC24 V	声音报警		
20	按钮标牌框	11 型	14	上海二工		功能指示		
21	开关电源	AT150-2405W	1	山东凯华	DC 24 V/6 A;DC 5 V/2 A	交直流变换		
22	接线端子	UKJ-2.5	50	上海友邦电气	灰色	控制用		
23	接线端子	UKJ-4	4	上海友邦电气	灰色	电源用		
24	接地端子	UKJ-4JD	5	上海友邦电气	黄绿色			
25	终端固定件		10	上海友邦电气				
26	终端隔板	SAK-2.5/3.5	2	上海友邦电气				
27	多芯塑料电线	BVR			0.75 mm²/黑			
28	多芯塑料电线	BVR			1.5 mm²/黑			
29	多芯塑料电线	BVR			1.5 mm²/黄绿色			
30	多芯塑料电线	BVR			0.75 mm²/红色			
31	多芯塑料电线	BVR			0.75 mm²/深蓝色			
32	多芯塑料电线	BVR			0.75 mm²/白色			
33	35 mmU 形卡轨	TH-35	1.5 米		铝合金			
34	通用行线槽	TC6040	2.5 米					
35	3 孔插座		1		16 A			
36	行程开关	3SE3-120/Ⅱ	1	德力西				
37	接近开关及电缆	PRCM12-4DN 电缆 CID3-2	1	AUTONICS				
38	4 芯进口线		3 米					
39	插头	DB9 针	2					
40	插头护套	DB9 用	2					

图 6-35 电气元件采购清单

2）机械外购件

机械外购件采购清单见表 6-7。

表 6-7　青铜止回阀自动上下料系统工业机器人模组机械外购件清单

序号	代号	名称	数量	材料	单重/kg	总重/kg	备注
1	IRB 140	IRB 140 工业机器人	1	普通碳钢	46.264	46.264	
2	PSL6M5A	调整阀	4	尼龙	0.003	0.012	
3	MHZJ2-25D-M9BL	SMC 平行夹爪气缸	2	外购件	0.507	1.014	

3）辅件

辅件采购清单见表 6-8。

表 6-8　青铜止回阀自动上下料系统工业机器人模组辅件采购清单

序号	代号	名称	数量	材料	单重/kg	总重/kg	备注
1	GB/T 70.1—2008	M6×20 内六角圆柱头螺钉	12	8.8 级	0.008	0.096	
2	GB/T 70.1—2008	M5×16 内六角圆柱头螺钉	10	8.8 级	0.004	0.04	
3	GB/T 70.1—2008	M6×12 内六角圆柱头螺钉	4	8.8 级			
4	GB 859—1987	5×1.1 轻型弹簧垫圈（装配）	2	65Mn			
5	GB/T 119—2000	6×12 圆柱销 A 型	1	35 钢			
6	M12×55	M12×55 内六角圆柱头螺钉	3	AISI 304			

3. 零部件生产制造

当技术设计阶段完成后，就进入了零件的加工制造环节，在加工前，要与加工企业做好技术交底，对存在的问题进行讨论，确保零件的加工制造按照设计意图来执行，加工出合适的零部件。具体包括：①机械外协加工件；②外协钣金件；③钢构焊接件。

6.7　装配调试、试生产和验收

6.7.1　装配与调试

确保调试的质量、安全与可靠性：有效的装配是所有制造商运营的心脏，除了考虑性能和技术性外，持续增加的标准和法规的要求也需要被满足。

1. 装配

组装（部装）是将两个或两个以上的零件组合在一起，成为一个装配单元。总装是将零件与组装装配成最终设备的过程。既有设备的单机组装，也有成套设备的整体组装。

2. 调整、精度检验和试机

调整是调整零件的相互位置、配合间隙、结合松紧等；精度检验包括工作精度与几何精度检验；试机包含机器运动的灵活性、密封性、振动、噪声、转速、效率等试验。

3. 喷漆、涂油和装箱

喷漆是为了防止不加工面锈蚀和使设备外形美观；涂油是为了使工作表面及零件已加工表面不生锈；打包装箱是为了便于运输。

4. 验收

在机器设备安装调试完成后，应组织相关人员对机器进行验收，看机械设备是否达到设计的要求性能。

6.7.2　试运行并对局部存在的问题进行改进、完善

加工方：设计者需要与加工单位进行及时沟通，确定合理的加工工艺，保证能够按照图纸设计要求来加工制造，同时设计者还要与工艺编程人员进行讨论，使对方理解工件并生产出达到设计要求的加工件，有问题及时调整，确保加工顺利进行。

装配方：设计者要经常去装配现场，进行装配指导，第一台一定要自己动手组装，充分了解从设计过程到实际装配时的问题，使问题得到更好的解决，同时为后期优化提供技术积累。批量组装时需多听装配师傅的建议，使其更高效，更节省装配时的人工成本。

6.7.3　编写技术资料

设备经过试生产合格后，设计人员需将设备操作、工艺、维护的相关资料和图纸整理成册，存档后交付给使用部门，同时对设备的操作人员进行必要的培训，使其能够按照使用手册来规范地操作设备，机械设备方能投入使用。

6.7.4　试生产、技术培训

在机械设备安装、调试完成后，应及时组织人员进行试生产，看看功能和产量是否能够达到设计预期，如果达到了预期，就可以投入使用；如果未达到预期，应该查找原因，找出解决办法，同时，对设计不合理的地方进行调整，调整后继续进行试生产，直到设备能够满足要求。

6.7.5　双方按合同组织验收

1. 出厂前的检验和验收

供方应在生产、加工或制造地点按照合同要求的标准进行质量检验。在发货之前，供方应对机械设备的颜色、质量、规格、性能、数量和重量进行准确、全面的检查，并出具符合合同规定的质量检验合格证书。

2. 到场后的验收

机械设备运至需方指定地点后，由需方会同相关工作人员共同验收，验收方式为随机抽样检查或全面检查。在所有机械设备的验收过程中，需方有权打开包装对机械设备的外观、质量、性能等进行检验，并将检验结果通知供方。

3. 生效文件

生效文件以送货方送货单与签收单为准，同时以双方负责人或者责任指定人签字的文件为凭。

附　　录

附录 A　自动物流系统设计基本需求

1　基本信息

1.1　用户基本情况

立体仓库安装地点：＿＿＿＿＿＿＿＿＿＿＿＿＿＿＿＿＿＿＿

1.2　物流系统基本用途（可选多项）

□用于原、辅材料存放

□用于生产车间物料配送（□需要配方　□不需要配方）

□用于生产车间模具保管

□用于成品储存及配送

□单纯的物流配送中心

□其他（详细说明）＿＿＿＿＿＿＿＿＿＿＿＿＿＿＿＿＿＿＿

1.3　项目启动时间

□＿＿＿年＿＿＿月决定该项目启动/投标时间

□＿＿＿年＿＿＿月使用

1.4　行业说明（如机械类，可将机械类三个字的颜色变成其他颜色）

□ 机械类　　　□ 电子类　　　□ 医药类　　　□ 化工类

□ 烟草类　　　□ 航空输送类　□ 食品类　　　□ 其他类＿＿＿＿＿＿

1.5　有关该项目的其他说明

＿＿＿＿＿＿＿＿＿＿＿＿＿＿＿＿＿＿＿＿＿＿＿＿＿＿＿＿＿＿＿＿＿＿＿

＿＿＿＿＿＿＿＿＿＿＿＿＿＿＿＿＿＿＿＿＿＿＿＿＿＿＿＿＿＿＿＿＿＿＿

＿＿＿＿＿＿＿＿＿＿＿＿＿＿＿＿＿＿＿＿＿＿＿＿＿＿＿＿＿＿＿＿＿＿＿

2　基本参数

2.1　物品规格（可以附表格说明）

名称	
品种数（约）	
每个品种的数量	

物品的包装形式	☐ 纸箱　　☐ 包装袋　　☐ 塑料包装 ☐ 没有包装　☐ 其他
保存方式	☐ 按照配方分类保管（根据产品型号配方） ☐ 按照种类分类保管 ☐ 其他方式（请说明）按客户及订单号保管
特殊物品	☐ 危险品 ☐ 冷藏冷冻产品　说明： ☐ 特殊外形物品　描述： ☐ 其他＿＿＿＿＿＿＿＿＿＿＿＿＿＿＿＿＿＿

2.2　托盘或料箱

自动仓库内准备	使用原有的托盘料箱（请提供托盘图纸） 用新的托盘料箱，用户自备（托盘种类、尺寸，有待商讨）
形式	☐ 托盘　　　　☐ 木制 ☐ 料箱　　　　☐ 钢制 ☐ 塑料　　　　☐ 其他材料（如塑木）
托盘（或料箱）流通	☐ 自动仓库专用 ☐ 厂区内流通 ☐ 同时在仓库外流通
托盘的尺寸	☐ 托盘（或料箱）示意图：（请分别表明托盘长宽高尺寸、叉孔尺寸） 其他：＿＿＿＿＿＿＿＿＿＿＿＿＿＿＿＿＿＿＿
选用托盘形状	☐ A（长×宽×高）：＿＿＿＿＿＿＿＿＿ ☐ B（长×宽×高）：＿＿＿＿＿＿＿＿＿

实托盘式样	□ (长×宽×高)：_____ □ 最大重量(含托盘)：货物____千克＋托盘____千克

2.3 入库量(包括采购入库和生产入库)

最大值：_____托盘(料箱)/工作日

_____托盘(料箱)/时

平均值：_____托盘(料箱)/工作日

_____托盘(料箱)/时

2.4 出库量(包括发货和调拨)

最大值：_____托盘(料箱)/工作日

_____托盘(料箱)/时 (____小时计算)

平均值：_____托盘(料箱)/工作日

_____托盘(料箱)/时 (____小时计算)

2.5 工作时间

平常入库时间：_____时—_____时

出库时间：_____时—_____时

平均作业：_____时/日

高峰时间入库时间：_____时—_____时

出库时间：_____时—_____时

平均作业：_____时/日

2.6 入库、出库情形

入库：整托盘入库：_____托盘/天_____箱/天

出库：整托盘出库：_____托盘/天_____箱/天

整箱拣选出库：_____箱/时

拆零出库：_____箱/时

补货(或移库)补货次数：(_____)

3　仓储能力和环境要求

储存数量：最大值_____托盘　平均值_____托盘

储存时间：最多_____天　平均_____天

温度要求_____　湿度要求_____

其他要求(如防爆等特殊要求)：_____

4　立体仓库建筑类型

外部建筑

　　　　　　　□ 新建　□ 原有建筑
　　　　　　　□ 整体式（货架钢结构与外部建筑一体）
　　　　　　　□ 分离式（货架安装于原有建筑内）

货物装载方式

　　　　　　　□ 托盘方式
　　　　　　　□ 料箱方式（带仓库笼）
　　　　　　　□ 料箱放置在托盘上
　　　　　　　□ 其他方式

5　场地条件

场地：场地长度为_____米；场地宽度为_____米
　　　可以利用的空间高度（净高）：新建建筑，根据设计要求确定。（高度暂定____米）
　　　场地示意图（最好提供电子版图纸）：甲方提供
　　　地面条件（已有条件）：请说明地面构造、承载能力等（乙方提供）
　　　地面条件（新建系统）：由实际计算得出库内功能区基本要求：
　　　□入库缓冲、整理区面积
　　　□出库缓冲、整理区面积
　　　□办公室
　　　□计算机控制室
　　　□其他（特殊物品储存）
　　　电气参数：相，V ，Hz
　　　空气动力：□有空气动力　　□无空气动力

6　联网要求

自动化物流系统与公司计算机系统是否要求联网？□是　　□否
系统操作方式：□手动　　□自动　　□联机自动
设备选型：对主要设备的选用要求_____

7　信息系统（WMS 系统）

ERP 系统

　　　　　　　□已有 ERP 系统，需要联网
　　　　　　　□尚无 ERP 系统，将来需要联网
　　　　　　　□需要独立的 WMS 系统

计算机硬件

　　　　　　　□由公司统一采购
　　　　　　　□由物流系统供应商采购

网络系统

　　　　　　　□由公司统一和办公网络考虑
　　　　　　　□由物流系统供应商提供

WMS 系统（库存管理系统）

  □仅适用本系统

  □要求适用多个系统（公司内部）

  □其他要求（是否有平面库：□有 □没有）

◀ 附录 B 自动化项目需求样表 ▶

客户名称						地址			
客户联系人				电话				电子信箱	
	需求内容		□打磨	□抛光	□拉丝	□焊接	□搬运	□其他	
	项目预计执行时间								

			项目			其他补充说明事项：		
项目效益数据	目标要求	产能要求		每月需求				
				单件加工时间				
		系统价格要求						
		自动化程度						
		现用人力						
		设备台数						
	现有条件	场地尺寸布局		客户现场量取布局尺寸			设备改造	配套需要
		现有设备能否进行自动化改造						
		单工站或自动化连线						
		产品类型/种类						
		机器人品牌要求						

项目需求资料	1	提供产品图档/3D 图档	□是	□否	客户所在行业	
	2	提供客户设备类型及尺寸	□是	□否		
	3	是否需要视觉系统定位	□是	□否		
	4	产品和设备相片	□是	□否		
	5	生产过程录像	□是	□否		
	6	来料的一致性	□是	□否		
	7	产品重量				

核准			审核			业务员承办	

□ 资料齐全，可以立项 方案预计完成时间：   方案执行人：   预计工时：

□ 资料欠缺，需补充＿＿＿＿＿＿＿＿

□ 技术不成熟，建议放弃   项目号：   项目名称：

□ 方案性价比不高，建议放弃

核准			方案负责人	

总经理批示：

□同意   □不同意   签批：＿＿＿＿＿＿

◀ 附录C 报 价 单 ▶

客户名称：_____　　　编号： YH-6Q-SJM2059

直接用户：_____　　　日期： 2012-05-05

联系人：_____　　　电话： 020-8786××××

部门：_____　　　传真： 020-6235××××

如果本报价单有不清楚或不完整的地方,请与我司联系!　　页数： 第1页/共1页

序号	产品名称	产品规格	数量	单位	价格	备注
1	ABB 6640 机器人	IRB 6640/2.8-185KG	1	台	390000	包含 IRC5 控制器
2	ABB 机器人软体	Robot Studio/Robot Ware	1	套	70000	
3	机器人搬运夹手	JC RD-G-007	1	套	270000	
4	半成品物流线	JC RD-M150	1	条	255000	
5	通信中转控制柜	JC RD-B11	1	台	130000	包含电气元件
6	毛坯产品对中台	JC RD-DU150	2	套	63000	
7	储料单元对中台	JC RD-L2000	2	套	38000	
8	物流对中小车	JC RD-Y304	4	台	25300	
9	压缩空气增压系统	JC RD-Q339	1	套	38600	
10						
11						
12						
13						
14						
15						
16						
17						
18						
合计(RMB)						
总计(不含税)						
总计(含税)						

附录 D GZK4228 数控卧式带锯床方案图

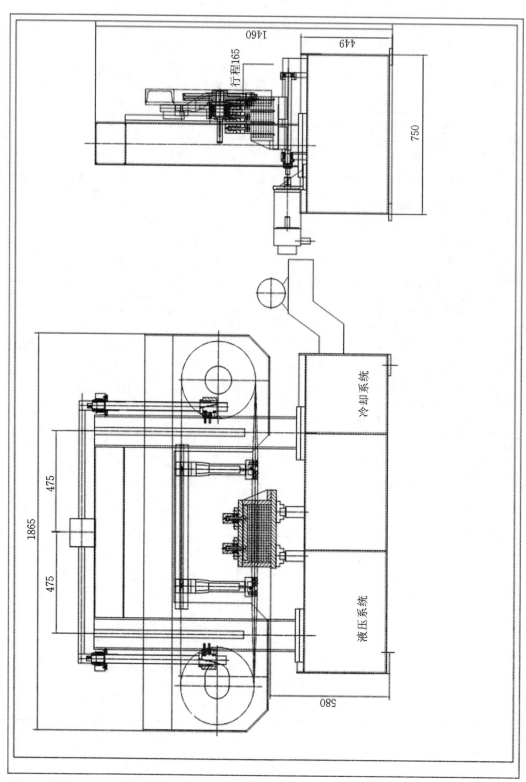

◀ 附录 E 设计过程表 ▶

市场需求分析报告

填表人	

产品描述及应用

产品性能指标

市场调研分析（产品价格/地位、同行情况、前后三年市场需求量）

目标客户分析

备注

技术部意见

总经理意见

设计开发任务书

设备名称		设备负责人	
起止时间		总预算费用	

设备内容

序号	阶段工作	时间

设备成员

部门	人员	主要任务
工程部		
品质部		
生产部		
采购部		
市场部		
物控部		

设备负责人	
	签名：
技术部经理	
	签名：
总经理	
	签名：

技术风险分析报告

设备名称		设备负责人	
起止时间			
相关法律法规			
研发难度分析			
设备负责人			签名:
技术部经理			签名:
总经理			签名:

设备任务计划表

设备名称：　　　　　　　　　　　　　　　　　　　　　　　设备负责人：

序号	人员	任务内容	计划完成时间	资源需求	实际完成时间	完成情况

设备预算表

设备名称：　　　　　　　　　　　　　　　　　　　　　　　设备负责人：

序号	名称	型号	数量	厂家	单价	小计
1						
2						
3						
4						
5						

设备评审表

设备名称		设备负责人	
起止时间			
评审阶段	□立项　　　　　□设计　　　　　□试样 □小批量　　　□试产		
评审内容			
设备负责人	签名：		
参与部门	签名：		

参 考 文 献

[1] (加)罗伯特·G.库珀.新产品开发流程管理[M].刘崇献,刘延,译.北京:机械工业出版社,2003.

[2] 裴韶光.机械自动化技术发展中的几个要点[J].企业导报,2010(2):290-291.

[3] 柯武龙.自动化机构设计工程师速成宝典[M].北京:机械工业出版社,2017.

[4] (美)Neil Sclater.机械设计实用机构与装置图册[M].邹平,译.北京:机械工业出版社,2014.

[5] 余俊,等.机械设计[M].北京:高等教育出版社,1986.

[6] 成大先.机械设计手册[M].北京:化学工业出版社,2017.

[7] 房西苑,周蓉翌.项目管理融会贯通[M].北京:机械工业出版社,2010.

[8] 王东华,高天一.工业工程[M].北京:北京交通大学出版社,2010.

[9] 顾震宇.全球工业机器人产业现状与趋势[J].机电一体化,2006(2):6-10.

[10] 颜世周.一种六自由度机器人的开发与轨迹规划算法研究[D].淄博:山东理工大学,2009.

[11] Cebula A J,Zsombor-Murray P J.Formulation of the workspace equation for wrist-partitioned spatial manipulators[J].Mechanism and Machine Theory,2006,41(7):778-789.